人工智能伦理困境与突围

周翔　著

吉林大学出版社

·长春·

图书在版编目（CIP）数据

人工智能伦理困境与突围 / 周翔著 . 一长春：吉林大学出版社， 2023.3

ISBN 978-7-5768-1553-5

Ⅰ．①人… Ⅱ．①周… Ⅲ．①人工智能－技术伦理学－研究 Ⅳ．① TP18 ② B82-057

中国国家版本馆 CIP 数据核字 (2023) 第 049232 号

书　　名：人工智能伦理困境与突围
RENGONG ZHINENG LUNLI KUNJING YU TUWEI

作　　者：周　翔
策划编辑：邵宇彤
责任编辑：陈　曦
责任校对：单海霞
装帧设计：优盛文化
出版发行：吉林大学出版社
社　　址：长春市人民大街 4059 号
邮政编码：130021
发行电话：0431-89580028/29/21
网　　址：http://www.jlup.com.cn
电子邮箱：jldxcbs@sina.com
印　　刷：三河市华晨印务有限公司
成品尺寸：170mm×240mm　　16 开
印　　张：8.5
字　　数：120 千字
版　　次：2023 年 3 月第 1 版
印　　次：2023 年 3 月第 1 次
书　　号：ISBN 978-7-5768-1553-5
定　　价：58.00 元

前　言

　　人工智能是人类进入现代化社会以来一直在探索的学科，同时人工智能随着人类社会的进步而不断发展，目前人工智能已经被全面应用到了人类生活的各个方面。人们日常生活所涉及的生活服务、教育还是工业、医疗领域，甚至军事领域，都有各种各样的人工智能应用。新冠疫情期间的健康码、特斯拉公司的无人驾驶汽车、小米与格力智能家居用品的应用等让人工智能不仅仅停留在理论层面，也让我们的生活中充满了人工智能的成果。可以说，人工智能对人类的经济发展、文化道德以及社会生活都产生了重大影响。

　　但是，随着科学技术的发展，互联网技术的大量应用，计算机程序开始出现自我复制、自我学习的趋势，各类计算机病毒充斥互联网，强人工智能和超人工智能在应用中也出现了不少问题，这些问题让"人工智能威胁论"开始充斥整个理论界。在强人工智能的应用中，人类的伦理道德受到了挑战。在各种逻辑设计下，人工智能对人类的生命伦理、公平正义原则、公众利益、性善论等提出挑战，人工智能"伦理问题"引来了广泛的讨论。因此，本书意图通过伦理学知识的运用，站在辩证的哲学角度上分析人工智能伦理问题出现的原因，对人、人工智能和人工智能体主体进行综合分析，从人类、人工智能体和谐发展角度试图给出一些解决的办法，希望能在人工智能的蓬勃发展过程中贡献一点小小的力量。

　　本书共分为八章。第一章是绪论部分，简单梳理了目前国内外关于人工智能伦理问题的相关研究，确定了本书的研究目的、研究思路与研究方法。第二章主要介绍了人工智能的发展历史以及五种主要应用类型，同时从经济、文化道德与社会生活三个方面阐述了人工智能对人类的影响。第三章简单介绍了人工智能伦理思想流变。第四章在各类人工智能伦理困境的基础上，结合现代社会分析了人工智能和人工智能体发展中面临的现实伦理困境。从人工智能与道德的关系方面进行论述，指出了人工智能存在的伦理道德问题，并分析了成因。第五章从人工智能研发、人类自身与建立制度三个层面针对人工智能出现的伦理问题提出了应对策略。第六章将人工智能伦理与传统伦理道德进行了比较，从构建人工智能伦理角度探究了人工智能和人的伦理道德的冲突与一致性，从传统道义论、功利论相关角度对人工智能伦理进行系统分析，进一步思考人工智能体的道德与美德、权利与义务。全面分析人工智能发展中的伦理困境和应对策略以后，系统阐述了人工智能与传统伦理学相关理论的融合发展。第七章具体论述了混合形式的人工智能伦理体系的建构，从美德与道德角度建构人工智能伦理系统，分别分析了"自上而下"的道德设计和混合道德伦理学。第八章对全书进行总结与思考，希望能够将人工智能技术与社会伦理道德结合起来，建构人工智能伦理学，让人工智能体和我们人类互相促进、共同发展，让人工智能更好地惠及我们全人类。

作者

2021 年 10 月

C 目 录
ontents

第一章　绪论

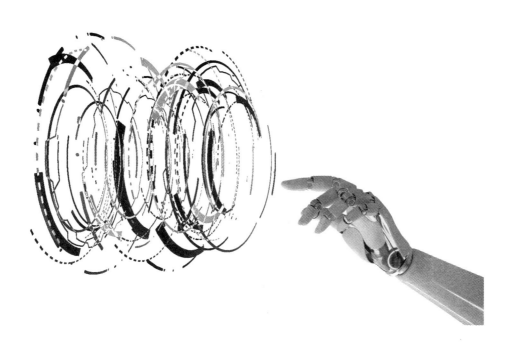

一、研究背景与研究目的

　　哲学，一直以来都是人类探索世界本源、人类本质，思忖未来趋势的学科，是一门关于意识和存在的学科，是从人类茹毛饮血的闲暇之余，抬头仰望星空，开始思索方寸生存之外的问题开始就产生的学科。哲学研究从哲学史开始，有人曾说哲学就是哲学史，众多哲学思考者，包括国外的苏格拉底、柏拉图、奥古斯丁、亚里士多德、康德、黑格尔，我国的老子、孔子等在内的众多思考者的智慧传承，也是包括斯宾诺莎、牛顿在内的诸多科学家探索世界的思想。它在历史上融合了数学、自然科学与艺术，是人类迈向未知世界和自身生存的探路杖。随着工业 4.0 时代的到来，当人类站在未来洪流的浪潮中时，掌握着哲学这一门思辨武器，可以让我们更加坚定而勇敢地面对世界的变革，成为更完整的思辨个体，也促成更繁荣的文明。

　　伦理学是道德哲学的分支，如果说工业革命之前的伦理学更多的是探究人与人、人与自我，以及人与社会和自然之间的关系的话，那么工业革命之后的伦理学则建立在对人与生产工具，人与科技、科技应用关系的探究上。

　　2017 年 10 月，美国汉森机器人公司生产的机器人索菲亚被沙特阿拉伯国家授予公民身份，标志着人工智能发展进入新的强人工智能阶段。英国剑桥大学物理学家史蒂芬·霍金（Stephen Hawking）曾警告说重大技术灾难将在未来一千到一万年之间威胁人类社会的生存。但是这种灾难可能不会导致人类灭绝，因为届时人类可能已经进入太空殖民时代。特斯拉电动汽车公司与 SpaceX 的老板伊隆·马斯克（Elon Musk）也担心人工智能崛起，他将其形容为人类生存的最大威胁，并将研发人工智能比作"召唤恶魔"。虽然现在就讨论这样的大灾难可能有些牵强，但人工智能的一个更符合实际的后果已经存在，并值得认真关注，即人工智能的道德影响。人工智能在某种程度上是可行的，因为复杂的算法能够识别、记忆和关联相关数据。尽管这样的机器处理已经存在了几十年，但现在的不同之处在于，强大的计算机处理着数千兆字节，并实时提供有意义的结果。此外，有些机器还可以做人类和其他智能的专属领域活动：自主学习。正是这种自动化学习带来了一个关键问题：机器能学会道德准则吗？

人类起源论研究中，最为人所知的就是人类从猿猴进化而来，所以人类发展以来，一直首选动物替代人类从事某些具体工作。随着科技的发展，人类开始寻找自身的替代者，进行拟人化机器研发，其最初可简单替代人类完成某些具体工作，后来有了拟人化的外形和人机互动交流程序，同时视觉识别系统也在快速发展。人工智能体不断出现，并广泛应用于人类的各行各业，同时也产生了一系列的伦理问题。着眼于现在，随着人工智能体的发展成熟，伦理学的主体是否也会发生改变？曾经的人与机器的关系，是否会变成"机器与机器的关系"甚至是"机器运转基础下，人与人的关系"呢？当人工智能逐渐得到更广阔的应用，我们将如何定义它们在我们生活中的角色？它们是否会产生意识？如果答案是肯定的，那人工智能应用体产生意识之后，我们是要将其定义为工具还是一个行动主体呢？这时的道德还会和曾经的主体一脉相承吗？如果人类可以受益于人工智能，又该建立怎么样的世界观和法律，来保障人工智能体的"合法权益"？我们应该将对待动物的伦理逻辑，迁移至人工智能体身上吗？当这些人工智能体被赋予生命的意义，它们还是简单的工具吗？如何在伦理上对不同功能的人工智能进行分类？是以智能程度来区分，还是以接触的服务对象进行区分？这些密集如子弹一样的问题，随着科技的发展扑面而来。我们能够做的就是尽可能地找对思考的对象和方向，在变革中找寻到自己的位置，以便于在维护人类集体核心利益的前提下，促使人类文明更加繁荣。新的科技革新注定改变人的生产方式，也会改变人的生活方式，最终将人类文明推向新的发展方向。而基于科学哲学这一宏观学科背景探究科学将如何影响人类社会，是哲学研究者义不容辞的责任。人工智能的伦理问题是未来 10 年甚至下一个时代学者不可回避的问题，它将不仅存在于科幻世界中，也存在于我们生活的每一刻。

二、国内外相关研究综述

（一）国内研究综述

自 20 世纪 60 年代开始，一个专业色彩非常浓厚的词汇——"人工智能"出现在了人们的生活中。随着时代的发展，人们深刻地感受到了仿真机器人的发展之迅速，它们在许多方面已远远超越人类智能。2016 年，中国科学技术大学在合肥正式发布了我国首台特有体验的交互机器人"佳佳"，它除了拥有过人的知识和能力外，甚至具有"自我意识"，它在记者的提问下也可对答如流，随着表情识别、大数据等技术的投入应用，"佳佳"将会拥有更为强大的情感交互功能，能够自主上网学习、分析问题。人类为机器人的智力水平惊叹不已，并且期待着未来机器人智能达到与人类智能比肩的程度。但是人们在享用人工智能为人类社会发展带来的方便、快捷的同时，也始终牵挂着那些与人工智能发展并行出现的问题。人工智能问题研究涉及哲学、信息科学、计算机科学、系统科学、心理学、社会学、生物学等众多学科领域，学者们从各自领域、各自视角展开研究。

当今，我国生产力水平与日俱增，经济发展迅速，在此背景下我国学者对人工智能的研究取得了一定的成就，且学者们着重对人工智能领域的哲学问题进行了分析。综观国内的人工智能研究，其大致分为四个方向。

（1）对人工智能发展史的研究。董军关于人工智能发表了作品《人工智能哲学》[①]，书中对人工智能的发展历史以及发展过程中面临的各种问题都统一做出了概述，就人工智能所涉及的哲学概念和问题结论做出了归纳，同时针对思维的科学性和智能工程所掺杂的思想结合中国

---

① 董军.人工智能哲学 [M].北京：科学出版社，2011.

所特有的禅宗思维，详细阐述了智能设备在模拟运作中的作用。赵泽林的《人工智能的基础哲学问题探秘》[①] 也对同类问题进行了研究。

（2）从语言哲学的角度解读人工智能的研究。徐英瑾的代表作《心智、语言和机器：维特根斯坦哲学和人工智能科学的对话》，从语言的角度以及哲学的立场分析了人工智能科学的发展状况以及目前人类社会的技术掌握情况，使人们领略到维氏哲学在知识表象特征、语言解读、机器人、逻辑推理等方面的贡献，为人工智能的发展与其他学科之间搭建起了一座桥梁。段伟文在《人工智能时代的价值审度与伦理调适》一文中就认为人工智能体的拟主体性赋予了人工智能特有的拟伦理角色。他通过对此拟伦理角色的分析，认为人工智能的价值审度与伦理调适的基本路径应为负责任的创新和主体权利保护，并立足对合成智能与人造劳动者的价值审度，提出寻求算法决策与算法权力的公正性，呼唤更加透明、可理解和可追责的智能系统，反思智能化的合理性及其与人的存在价值的冲突等价值诉求。

（3）对人工智能伦理规则和法律制度的初探。就目前来看，由于人工智能非常具有时代特色，所以相关伦理规则和法律制度并不太完善。目前，我国有许多学者就这一问题进行了深刻的反思和初步的探讨。比如，王晓楠的《机器人技术发展中的矛盾问题研究》[②]、张保生的《人工智能法律系统的法理学思考》[③]、姜潘的《给机器人做规矩，要赶紧了》[④]、唐昊涞与舒心的《人工智能与法律问题初探》[⑤] 等都对这一问题进行了研究分析，机器人要遵循爱人的法则，机器人品格应由善良、勤恳、智慧"三原色"构成，善良的机器人即使拥有过人的知识和能力，甚至具有"自我意识"，也不会故意危害人类。

（4）对人工智能伦理问题的初步探讨。近年来，国内伦理学学

---

① 赵泽林.人工智能的基础哲学问题探秘[M].北京：中国出版集团，2012.
② 王晓楠.机器人技术发展中的矛盾问题研究[D].大连：大连理工大学，2011.
③ 张保生.人工智能法律系统的法理学思考[J].法学评论，2001（05）：11-21.
④ 姜潘.给机器人做规矩，要赶紧了[N].文汇报，2011-06-07.
⑤ 唐昊涞，舒心.人工智能与法律问题初探[J].哈尔滨学院学报，2007（1）：42-47.

者，尤其是科技哲学学者开展了一系列关于人工智能伦理问题的研究活动，发表了丰厚的研究论文成果。例如，王东浩在《人工智能体的道德确立与伦理困境》一文中对人工智能体面对的伦理困境进行了解释，他认为人工智能体发展得越迅速，我们就越能够把它置于"操作型道德体"与真正的道德体之间，标识为"功能型道德体"。同时，其就人工智能体道德在设计中的伦理进路进行了描述，讨论了人工智能体道德引发的争议和回应，提出了他的观点：①人工智能体的设计，尤其是机器人的设计和应用必须遵守"机器人的三大定律"。以此为法则，在"不伤害"的前提下，培养人工智能体的自我决策能力。②人工智能体的道德问题涉及伦理和哲学等层面。在实践应用中，人工智能体与人类和大自然之间的关系必须秉承"和谐"的原则，这有利于人工智能体深化服务质量，满足人类需求。③人工智能体的道德属性根源于人类自身的道德认识。从根源上健全人类自身的伦理体系是必需而紧迫的，同时构筑有效的权利保障措施也是道德标准得以实现的必由路径。除此之外，对于人工智能自身的发展而言，也需要一个与其相适应的伦理道德体系。④人工智能体的发展必须有一个相对应的伦理道德体系①。

　　郝勇胜的《对人工智能研究的哲学反思》、江昕教授的《哲学视域中人工智能发展的问题研究》等，这些对人工智能伦理问题进行研究的论文都有一个共同的基点，那就是用哲学的思维解答、缓解甚至解决人工智能的伦理冲突和问题。聚焦人工智能体道德伦理问题研究，有助于修复人工智能体在实践应用中的诸多漏洞。另外，强化人机一体化，构建智能体与人类联合的认知系统（JCS）对于防范机器潜在的风险，确定责任归属也具有重大意义。人工智能体的出现使人类伦理道德体系陷入了困境，所以随着智能体进一步完善和复杂化，人机之间的互动和交流增强，人们需在确保人工智能体遵守"不伤害"原则的前提下，培养智能体的自主决策能力和道德控制力，实现人机之间的和谐共处，这也许是人工智能体未来发展的方向。

---

① 　王东浩．人工智能体的道德确立与伦理困境[J]．华南农业大学学报（社会科学版），2014（1）：116-122．

（二）国外研究综述

国外有关人工智能发展问题的研究颇丰，如安德鲁的《人工智能》①，门泽尔、阿卢伊西奥的《机器人的未来：类人机器人访谈录》②，玛格丽特·A.博登的著作《人工智能哲学》③等。总结提炼国外的人工智能相关文献之后发现，大致可分为四大类。

（1）对人工智能本质的研究。目前学者们的主流看法是，人工智能是系统地对信息进行处理，深度地对人脑进行模仿，并在此基础上对人脑进行拓展的一项智能计算机技术。英国计算机科学家阿兰·图灵（Alan Turing）曾明确表示：一台机器在与人交流过程中让人察觉不到自己正在与一台机器交流，才能真正意义上被称作智能。麻省理工学院温斯顿（Winston）教授则认为人工智能就是一种替代人力劳动的工具，表示"人工智能就是探索计算机怎样才能做过去只有人才可以完成的工作"④。斯坦福大学费根鲍姆（Feigenbaum）教授对人工智能给出的定义是："对知识和信息进行规则处理。"人工智能的本质讨论不止出现于严肃的学术领域，在一些科幻的文学作品中也有所呈现。例如，1886年法国作家维里耶德利尔·亚当在小说《未来的夏娃》中就通过仿人机器"安德罗丁"对人工智能的种种可能性做出了设想。尼尔松（Nils J.Nilsson）在《人工智能》（1998）一书的前言中指出："这本人工智能导论教材采用一种新的视角看待人工智能的各个主题。我将考量采用人工智能系统或智能体的发展这一较以往略为复杂的视角。"⑤ 在智能体的价值和伦理影响力层面，计算机伦理学创始人摩尔（James H.Moor）对

① 安德鲁.人工智能 [M].刘新民，译.太原：山西科学技术出版社，1987.

② 门泽尔，阿卢伊西奥.机器人的未来：类人机器人访谈录 [M].张帆，译.上海：上海辞书出版社，2002.

③ 玛格丽特·A.博登.人工智能哲学 [M].刘希瑞，王涵琪，译.上海：上海译文出版社，2005.

④ 费跟鲍勃.人工智能 [M].侯怡然，译.上海：上海科学技术文献出版社，2008.

⑤ NILSSON N J.人工智能：新综合 [M].北京：机械工业出版社，1998.

机器人的分类具有一定的启发性。[①] 他根据机器人可能有的价值与伦理影响力，将其分为四类：

①有伦理影响的智能体——不论有无价值与伦理意图但具有价值与伦理影响的智能体；②隐含的伦理智能体——通过特定的软硬件内置了安全和安保等隐含伦理设计的智能体；③明确的伦理智能体——能根据情势的变化及其对伦理规范的理解采取合理行动的智能体；④完全的伦理智能体——像人一样具有意识、意向性和自由意志并能针对各种情况做出伦理决策的智能体。

（2）对人工智能发展未来的展望，大部分学者都认为人工智能有望达到或超过人类智慧。作为人工智能创始人之一的赫伯特·亚历山大·西蒙（Herbert Alexander Simon）在研究过程中认为人工智能能达到人类智能的水平。尝试通过仿照人脑活动思维，将机器大脑活动运行解码的亨利·马克莱姆（Blue Brain）表示，人类大脑在计算机中进行复制运行只是时间问题。美国的雷·库兹韦尔（Ray Kurzweil）认为，人工智能和人类智慧可以同时使用，在未来某时刻，除智能水平之外，在情感和意志上机器也能够具备与人类相近的水平，并认为"21世纪结束之前，人类将不再是地球上唯一具有智慧的生命实体"[②]。

（3）对人类未来如何应对人工智能不断发展的威胁的研究。在研究人工智能的过程中，我们发现人工智能的发展是一次科技的爆炸性突破，发展速度超出人们的想象。因此一些学者认为人类智慧终将会被人工智能超越。被称为"人工大脑之父"的雨果·德·加里斯就曾在《智能简史——谁会取代人类成为主导物种》[③] 一书中提过这个问题，并且在清华大学发表讲演时表示：通过数据分析发现，人的大

[①]　詹姆斯·摩尔. 计算机伦理学中的理性、相对性与责任 [J]. 上海师范大学学报（哲学社会科学版），2006（5）：1-10.

[②]　弗里德曼. 制脑者：创造堪与人脑匹敌的智能 [M]. 张陌，王芳波，译. 北京：三联书店，2001.

[③]　雨果·德·加里斯. 智能简史——谁会取代人类成为主导物种 [M]. 刘长阳译，北京：清华大学出版社，2007.

脑的转换速度在低于人工智能的情况下，机器的运算速度是人大脑运算速度的很多很多倍（10^{24} 倍）。因而人工大脑之父——雨果·德·加里斯得出结论："未来二三十年人工智能机器可能会与人类成为朋友，五十年后，人工智能会是人类最大的威胁。人类与机器之间的竞争是无法避免的，甚至智能机器会对人类的生命产生威胁。"[①]

（4）对人工智能伦理问题的研究。国际上对人工智能伦理问题的研究都处于初级阶段，从人工智能应用到生产、生活的各个方面开始，人工智能的伦理问题才逐渐浮出水面。苹果公司高级工程师雷德哈尔曾在国际人工智能研讨会上提出："人工智能对人类劳动力的替代将大幅提高人类社会的生产力，但我们更应该重视这背后对我们可能会失去工作的伦理问题。"针对人工智能已经出现或即将出现的伦理问题，2017 年在美国举行的 Beneficial AI 会议上，与会专家联合签署了阿西洛马人工智能 23 条原则，第一次提出完整的人工智能伦理准则框架。同年，欧盟提出制定"机器人宪章"[②]，其中包含对机器人的民事立法。同时，当代哲学家们也对人工智能的伦理问题进行了热切的讨论，其中被探讨最多的问题是关于人工智能发展的环境伦理问题。例如在艾博尔的《机器人伦理：机器人的伦理地位及其社会影响》一书中就提到有关于机器人制造的垃圾将会对环境造成辐射影响，这在未来将会是一个严重的环境伦理问题，"这除了会影响我们的健康状况，甚至影响到了自然界蜜蜂的蜂蜜、花粉的授粉。农业的生产率也会受到影响，农业环境污染将是一个巨大的灾难。"[③]

在人工智能技术研究方面，由于我国学者入手研究的时间较晚，所以与国外学者相较，掌握的素材以及研究的现实基础较为薄弱。迄今为止，在人工智能学术研究方面，全世界共同面对的与人工智能有关的问题是：理论体系不完整、产品使用不规范。迄今为止没有任何

---

① 加里斯.智能简史：谁会替代人类成为主导物种 [M].胡静，译.北京：清华大学出版社，2007：86.

② 机器人宪章 [N].时代科技报，2018-3-18.

③ 艾博尔.机器人伦理：机器人伦理地位及其社会影响 [M].周仁华，译.上海：上海先锋出版社，2012.

一个有关人工智能的完善的理论体系；关于人工智能产品使用的法律法规的出台也无法同步跟进。究其本质，并不是因为这些伦理问题不够突出，而是因为人工智能技术本就处在初级阶段，人们对于其可能遇到的伦理困境还需要进行试探性的假设和预判。所以，我们有理由相信即使现阶段关于人工智能的研究完整性仍不足，但是根据现阶段该技术研究的发展情况来看，研究的成熟化和系统化在将来是能够实现的。

不可否认的是，由于人工智能在国外应用较早，所以他们开展人工智能伦理领域方面的研究也较早，取得的研究成果也比较可观。但是全世界面临的现实情况却不能因为研究成果丰硕与否而被回避：在目前世界人工智能领域的研究中，人工智能管理体系并没有被完整地组建起来，与此同时，监管人工智能伦理方面相关的法律法规也并不清晰。世界范围内对于人工智能伦理方面的研究，也仅仅处于起步阶段，能够应用于实际并具有一定理论基础的体系还没有形成。

三、概念的初步解说

（一）人工智能

当下的人工智能是一种全新的技术，同时它的内涵比较宽泛，人工智能是能够开发、研究并扩大我们人的智能的一种先进方法、系统的技术和科学。

从人工智能本身的使用角度来看，其是计算机专业的一个学科分支，是能够了解人类智能需求的科学。这种技术从诞生以来，就不断被人们研究，理论和应用不断扩大，在人们的生活层面不断提升应用强度，所以这种能够贴合人们需求的智能技术和产品将是人类的又一大智慧成果。这种技术能够对我们的思维方式和意识进行记录模仿，其在未来可能会高于我们一般人的智能。

从人工智能的智能水平的划分方式来看，其可以分为三个层面，也就是超人工智能、强人工智能、弱人工智能。超人工智能是一种我们现在无法企及的理论研究内容，是一种超越现实、超越弱和强人工智能的伦理法则。强人工智能可以同人类如今的发展水平相比较，是一种能够达到或高于人们智能水准的人工智能。弱人工智能是一种低层次的人工智能，一般只能做单一的内容事项，然而这种层次的人工智能是当下使用最多的智能，如自动化生产线、声控开关等都可以说是一种弱人工智能。当下人们对这种弱人工智能十分依赖。

当下的人工智能是我们这个时代具有发展性、挑战性的一项科学研究内容。因为该科学技术包含的学科内容十分广泛，这就要求从事这个工作的人必须具备多方面的学科知识内容，像哲学、心理学、信息技术都是必不可少的储备知识。也正是因为它涉及的领域和知识面十分广，所以它常常能处理人类多方面的事务，完成人类难以完成的一些复杂工作。

（二）人工智能伦理

当下的人工智能技术不断得以推广和使用，既带来了很多的好处，也给我们带来了很多的伦理问题，在人工智能技术的发展当中，人们常常需要处理好隐私、歧视、责任、透明度等问题，同时也包含一些哲学的问题需要研究处理。讨论面对人工智能发展对法律和社会伦理的冲击以及对个人隐私的侵犯等问题时，人们需在保证人工智能发展的同时正视其带来的风险与挑战，通过加强前瞻预防与约束引导，最大限度地降低风险。

四、研究思路与内容结构

在 20 世纪的 60 年代，人工智能技术快速发展，人们在人工智能领域的技术应用改革创新得到了一定的改善和提升。本研究先从人工智能技术的基本情况着手，然后再对人工智能技术涉及的技术伦理问题进行介绍，并比对涉及的一些技术伦理问题并客观解析成因，最后针对这些伦理问题产生的主要原因进行相应的对策探讨。

本书共有八章。首先是绪论，介绍了研究目的，并简单梳理了目前国内外的相关研究，确定研究思路与研究方法。第二章介绍了人工智能的发展历史。第三章论述人工智能伦理思想产生、发展、演进的内容。第四章分析了人工智能发展中面临的伦理困境。对人工智能与道德进行了辨析，并论述了人工智能存在的伦理道德问题，分析了成因。第五章从研发、人类自身与制度规范三个层面对人工智能出现的伦理问题提出具体应对策略。第六章将人工智能伦理与传统伦理道德进行了比较。第七章叙述了混合制的人工智能伦理体系建构。第八章对全书进行总结与反思，希望能够将人工智能技术与社会伦理道德结合起来，以便将人工智能惠及全人类。

五、研究方法与简述

（一）分析综合的方法

采用分析综合方法就是要在整个认识的过程当中将整体的内容分为小部分的内容进行研究，然后再将这些部分的内容合并为一体进行研究。采用这种分析和综合的方法前提是了解了人工智能技术研究文献资料的情况，然后整理了该领域的技术研究范围、相应的知识学科，了解了大量的书籍和文献资料，并对收集的资料进行了归类总结，而这也就为全书打下了良好的理论基础。

（二）系统分析的方法

采用系统分析方法就是要将整个项目都放在系统中进行观察，要在这个系统运行过程中对每个相关的要素进行相关性分析，要找到它们之间存在的联系和规律，以达到良好解决问题的目的。针对人工智能伦理问题进行的一个研究就是将这种技术和伦理问题联系起来看待，也就是把提出问题和解决对策当作一个系统，那么分析这个系统中存在的每个要素之间的关系，即有助于解决和缓解这些伦理问题。

（三）历史文献法

采用历史文献法主要是通过多个途径进行资料的查找，如知网、图书馆、百度学术，美国斯坦福大学和德国不来梅大学的图书馆有很多人工智能伦理问题相关文献资料。在筛选这些信息的过程中，人们可借助历史研究方法的搜集、摘录、分析基本步骤进行研究。总体来说，就是先依照不同文献的时间进行筛选，然后对相应的关键词进行摘录，对于符合要求且对研究结构有帮助的论文进行保存，最后依照论文的研究思路对相应的文献内容进行学习、分析、研究。

（四）定性分析法

采用定性分析方法就是要对人工智能体进行"质"的分析，这是对当下人工智能体运用进行近距离观察的一种实际体验，能够对相关的人工智能产品进行实际感受，并就此与他人进行交流，进行真实的资料统计和分析，另外再综合一些分析、合并、归纳、演绎、概括的方法对这些材料进行相应的思维处理，保留精华，去除虚假和不适用的部分，达到了解事物本质和规律的目的。

（五）跨学科研究法

人工智能体伦理问题研究涉及多个学科，包括计算机、生物学、伦理学等，运用多学科的理论、方法和成果从整体上对某一课题进行综合研究的方法，也称"交叉研究法"。科学发展的规律表明，科学在高度分化中又高度综合，形成一个统一的整体，可从义务论的角度和功利论的角度对比分析人工智能体应用场景中的伦理问题。

六、研究价值与创新之处

各行各业都需要人工智能的支持，当下人工智能技术的广泛推广和使用给我们的生活带来了极大的便利，对我们整个社会的贡献是不言而喻的，然而碍于没有一个正确的理论指引，其就引发了很多伦理问题。在人工智能管理过程中，人们要尽早发现问题，并及时提出对策解决问题引导其向着有益于人类的方向发展。

我们从实践发展意义角度来看，人工智能的发展通常具有两面性，这种两面性使人们能够理性地看待其在高速发展中产生的伦理问题，进行相应的防范，并及时给出相应的解决对策让其向好的方面发展。但是人们也不能够因为人工智能会产生不利影响就放弃推动人工智能前进和发展，且要在这个过程中把控好有利的方面，对一些不利发展的层面进行规避。这样才能够打造出对人类有利的人工智能产品和技术，促进整个社会的进步和发展。

本书的创新之处在于研究内容上有所创新，通过收集大量有关人工智能的文献资料以及有关案例，对人工智能时代出现的相关问题及原因进行归纳总结，提出人工智能体与人的伦理关系中相对应的解决措施。先于问题的出现而从理论方面予以考虑，并且用理论指导人工智能的发展，这对我们整个人类的前进和发展都十分有利。在这个过程中，人们要遵循以人为本的代码编辑原则，要使用哲学理论和思维对人工智能机器人的行为进行相应的规范，并且要使其在运行和使用过程中能够以人类社会的价值观为主体。本书的研究内容或许会为以后人工智能伦理问题研究提供一定的理论参考。

第二章　人工智能的发展与类型

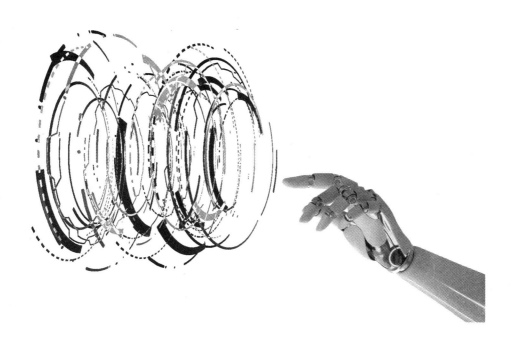

一、人工智能的历史发展

（一）人工智能的概念

人工智能是当下计算机科学中一种最新的学科知识，这种技术可对我们人类的头脑进行一定的模拟、设计、理解、计划，并解决相应的问题。西方学者费根鲍勃对这种人工智能进行了相应的定义，他认为这是计算机中设计的一个小环节，这是能够让计算机更智能化和前进发展的一种技术。[①]

从工程的角度来看，人工智能是利用人工开发使机器具有与人类智能有关的功能，如论证、显示、鉴定、理解、设计、思考、计划和解决问题；它是人类的思维和智慧在机器上的延伸；从学科的层面来看，人工智能也可以说是探究智能机械运行的一门学科，它的出现和发展就是为了更好地对人类的智慧进行相应的拓展延伸；从整个社会的学科发展层面来说，这种技术是能够促进整个哲学、心理学、生物学、数学、计算机科学综合发展，并综合思想、理论、技术的一种新学科，同时也是一种综合性很强的边缘学科。

可以说，人工智能就是对人的思维过程的模拟，虽然人工智能不是人脑智能，但能像人一样思考，甚至有可能超越人脑的思考。人工智能是利用并结合了多个学科的知识才发展起来的一种科学。这种科学技术因包含了多个学科知识才能够很好地运行和发展，这种技术是能够模仿人的一种智能技术，包含人类的学习、推理、交流等一些复杂行为，这种技术的发展就是为了让我们人类更好地完成一些任务和行为。

[①] 　鲍勃.人工智能 [M].侯怡然，译.上海：上海科学技术文献出版社，2008：36.

目前对人工智能的研究，可以分为两大种类：强人工智能与弱人工智能。二者的区分标准在于是否具有"学习能力"。强人工智能一般指的是在接收到外界的刺激影响之后，机器可以产生自己的思维判断，进而产生自我意识，进行一种类似于学习的活动，拥有自主推理和判断能力。也就是说强人工智能机器不仅仅能够完成人类输入的指令，而且可以进行与人类大脑相似的思考与判断活动。一些弱人工智能只是在遇到外界环境刺激之后才会有行为反应，不能够自主进行思考和输出，需要人们手动给予指令才能够进行活动。因此，也可以说这种弱人工智能只是在没有意识的情况下，受到相应电力和机械控制的行为。像这样的弱人工智能是没有一定的学习能力的，更加无法自主评判。① 在人工智能迅速发展的今天，弱人工智能的应用是十分广泛的，特别是在一些没有意识的领域，弱人工智能十分受欢迎，倘若涉及的意识层面十分的多和广，像一些音乐、颜色都是需要人的意识来完成的，那么就需要强人工智能来完成。但是，这个方面目前还没有太多的突破性研究进展。

（二）人工智能的发展

20 世纪 50 年代，在美国达特茅斯召开的人工智能会议上，有多个领域的专家学者进行了研究和讨论，并在这次会议中提出了"人工智能"这一名词，这就是人工智能学科的诞生。

在 1969 年举办的国际人工智能联合会议，标志着人工智能这一学科已在全世界范围内得到了公认。但在这之后，人工智能由于学科过于新颖并且无重大科技成果问世，经历了一段时间的低潮。直到 20 世纪 90 年代末，IBM 制造的计算机赢了国际象棋大师，人工智能的功能和作用才得到了人们一定的认识。在这场人机对弈当后，人们就开始关注该领域技术的功能作用，开始推动其走进人们的生活。

总体来说，人工智能的发展可以分为五个阶段：

（1）萌芽期（1956 年之前）。在 20 世纪 50 年代之前，人们还只

---

① 　玛格丽特·A.博登.人工智能哲学[M],刘西瑞，王汉琦，译，上海译文出版社，2005。

是对人工智能进行相应的展望。人们迫切希望能有一些功能或工具将自己从烦琐的事务中解放出来，但在当时的技术水准限制下，人们只能进行低级的探讨和研究。

（2）发展期（1956—1978 年）。20 世纪 50 年代达特茅斯会议召开后，人工智能技术进入了高速发展时期。在这个发展时期里面，计算机问世以后慢慢开始解决数学、几何、英语、学习等难题，而随着计算机技术的不断升级发展，人工智能技术也让人们不断憧憬着。在 20 世纪的研究学者们看来，我们人类在最近的几十年就可以生产出可以替代人类工作的机器产品，并且在不久之后就能研发出能够达到人类智能级别的机器人。这个时期内有很多的研究成果，如在 20 世纪 50 年代就开发出了编程语言 Lisp，这种编程语言也是当下人工智能的主流编程语言。

（3）低潮期（1966—1974 年）。20 世纪的 60 年代到 70 年代，人工智能技术的发展受到了阻碍，且在此期间人们的人工智能发展信心也受到了影响。在那个年代，计算机的数据保存、计算指数难以达到要求，这就让人工智能技术的发展受到了钳制。人们对此放慢了研究，相应的研究经费都不同程度地减少。有相关的研究负责人说对于人工智能的研究是漫无目的的一种研究，尽管各个国家的学者都花费了极大的时间成本，但是也没能弥补理论上的不足。

（4）第二波发展高潮（1975—1985 年）。20 个世纪 70 年代到 80 年代中期，日本人工智能研究出现了发展高潮，当时的日本政府在财政拨款上支持了 8.5 亿美元来研发计算机，该资金的研发投入就是为了可以研制出像正常人类一样处理颜色、信息、文字的计算机。之后，英国和美国都纷纷投入了资金进行研发，然后在 80 年代就研发出了名为"专家系统"的智能系统，这就让人工智能技术得以短暂繁荣。在 20 世纪 80 年代末，人工智能技术发展再次遇到了阻碍，人们对人工智能的研发再度失去热情，研发一度停滞。

（5）高速发展期（1989 年至今）。20 世纪的 80 年代末，因为计算机、人工神经技术等不断发展，所以人工智能也得到了十分广泛的应用。在我们整个社会当中，人工智能开始进入一个高速发展阶段。

在这个过程中，针对人工智能的研究收获丰硕。20 世纪的 80 年代末，贝尔实验室当中的研究人员开始将反向传播算法应用到多元神经网络，并且在人工的神经网络方面取得了一定的突破。20 世纪 90 年代中期，查德研发了聊天机器人，让机器人有了自然的语言。20 世纪 90 年代末，IBM 公司的计算机打败了国际象棋冠军。

我们国家对于人工智能的发展比西方国家要迟，在 20 世纪的 70 年代末才开始对人工智能进行研究。在 20 世纪的 80 年代中期，我们国家开始在全国范围内组织人工智能的学术讨论会，随后又开始推行智能化的研究项目计划，而到 90 年代初期，就开始着手将人工智能和计算机联合起来进行探索。我国又逐步实行了相应政策，让人工智能得到了极大的发展，也收获了不少的成果，取得了很多世界领先水平的成果。目前，我们国家已经在这方面投入了大量的人力、物力、财力，为我们国家人工智能技术的发展增加了不少发展力量。

二、人工智能的主要应用类型

（一）工业机器人

工业机器人是用于制造领域的一种自动化机器人。这种机器人可以依照设定的程序自动运行，并且还能够带动三个以上轴承运动。这种类型的机器人最早由比尔·格里菲斯（Bill Griffith）在 20 世纪 30 年代完成，这种机器人可以像起重机一样运转。这种机器人除了可以替代人类进行诸如搬运、托举、运输等消耗力量的大型作业之外，还可焊接金属与产品零部件、组装设备、改变产品外观，如喷涂和电镀等。另外，这种机器人也可以对货物进行分类、包装和分组等。除此之外，其还有检测产品质量和测试产品性能等用途。这些工作大都对"耐力、力量、速度或精确度"有要求，同时这些工作具有"重复、重体力、枯燥、智力需求较少、有一定的危险性"等特点，而这些恰好是机器人的优势体现。但在提供便捷的同时，机器人或者由机械臂主导的生产线也会产生一些伦理问题与风险。其一是我们对于机器人替代人类工作这一事件的理性探讨。机器在何种程度上替代人可以既保证人类文明的积极发展，又保证人的价值不受影响？如果更加广泛地将机器人投入到工业生产中，如何平衡新的"工人与管理者的关系"以更好地推进生产的良性循环？这些都将是值得探讨的问题。其二是怎样才能让机器人和我们人类和平共处，也就是说要关注机器人和人类的安全保障问题。IFR 对工业机器人保持乐观的态度，在 2017 年就推测 2020 年会有 170 万多台机器人被生产使用。然而，在 2020 年的新冠疫情形势下，一些需要人群聚集的工作也被机器人替代。

（二）医疗与护理机器人

在医疗和人类健康发展领域也有相应的机器人可以开发使用，并且十分火热，这在一定的程度上说明人类是希望利用机器人解决更多社会发展问题的。比如可以研究一些高精度的手术机器人，并将其应用于眼科手术、微创手术等。对于一些残疾人就医可以用一些机器人给予辅助，例如，针对一些老龄病人可以研发一些护理型的机器人，像 FRIEND 就是可以护理、帮助老龄人、残疾人生活的一种半自动化的机器人。还有一些极具意义的动力外骨骼和机械假肢，这些是电动马达和气动装置共同作用下的一种替代肢体、增强耐力的设备。这能够为一些行动不便且有缺陷的人提供发展机会，能做人无法做到的极限动作。与人类医疗有关系的机器人在使用的过程中也会产生一定的风险，以抓药的一些助理机器人来说，通常情况下其就是依照病人的处方进行配药，不能有丝毫的差错，这样就会涉及一些算法伦理问题，而倘若发生了风险我们将承担不可弥补的损失。这种问题的发生将会是一种悲剧。因此，我们需要进行广泛而深入的探究活动。

（三）军事型机器人

军用机器人（military robot）是能够在军事领域投入使用的机器人，这种机器人在物力输送、人员搜救、实战攻击当中都有着实际的功能作用。

上文提到的外骨骼机器人除了用于帮助身体有缺陷的患者以外，也用于增强士兵的运动能力。美国陆军的 TALOS 外骨骼项目旨在设计出可以监视佩戴者生命体征数据并且可以增强他们的力量和感知力的机械外骨骼，同时其还兼具防弹和武器功能。根据众多实验小组的数据得出，军用外骨骼可以明显减少士兵的反应时间，并帮助他们在出入复杂地形时保持体能。

军用机器人能够在整个战场中发挥相应的实战作用，且不管是在实战配合，还是单独作战中都十分有用。许多科学家认为，这种军用的机器人是以后的发展趋势，能够在战场上进行物力、环境、字符等信息的识别，能够迅速认出整个任务当中要消灭的目标，进而让士兵进行相应的作战配合，精准的射击。① 军用机器人还能够进行多层面的语音互动交流，且其自身的专家系统能够自动分析、判断、决策并行动。这样，就能够更好地适应瞬息万变的战场。要达到这样有力的效果，我们就要给机器人装配高性能的电池、传感器以及一些环境感知设备，以加强它们的灵动保障性。目前有些机器人只能对内部进行感测，对外部出现的一些情况无法直接感知。在以后的军事机器人研究开发当中，人们要对外部的传感系统进行多层面的研发和应用，让这些军事机器人能够在光感、化学、触觉、脑电波、听觉、视觉等方面都有相应的功能和作用。这些军事机器人有了这些功能和作用以后，就能够进行方案提出活动，拿出最直接的方法规避和解决问题和麻烦，提升反应能力。

科研人员正以柔性结构逐步替代刚性结构，以提高机器人在战场上的灵活度。机器人的外部结构都是钢质的机械装置，远不及人的肢体灵活自如。国外一些科学家正在开展针对人体肌肉和韧带等软组织的研究活动，希望能找到一种类似的柔性物质，替代机器人身上的刚性物质，以提高机器人肢体的灵活性。

为提升机器人性能，人们需要基于机器人的生产规格和标准，进

---

① LI Y, ZHAI J, SHIU S.RTS game strategy evaluation using extreme learning machine[J].Soft computing:A fusion of foundations, methodologies and applications, 2012（2）:16-9.

行系统化、模块化的研究改进活动。一些科学家也在紧锣密鼓地对各个行业的机器人进行相应的比较研究，想要优中选优，促使机器人功能全备、用途广泛，且不用数量太多就可以达到一定目的。那么，这就需要人们在一定程度上提升机器人的性能和质量，让这些机器人能够进行多层次的工作。就拿一些基础性的机器人来说，在日常的时候其要能够拿工具进行干活，在战时就要能够拿起武器进行战斗。军事上的机器人要懂得装卸每种炮弹和导弹，并且对于后勤服务也要能够很好地进行配合。

总之，随着机器人研究的不断深入，一种高智能、多功能、反应快、灵活性好、效率高的机器人群体，将逐步接管某些军人的战斗岗位。机器人成建制、有组织地走上战斗第一线已不是什么神话，尸横遍野、血流成河的恐怖战斗景象很可能随着机器人兵团的出现而成为历史。机器人大规模走上战争舞台，将带来军事科学的真正革命。

（四）服务型机器人

对于服务型的机器人，当下没有确切的定义，世界各个国家对这种类型机器人的认识尚未统一。

这种类型机器人的使用十分宽泛，可以在监护、安全、运输、家庭清洗等方面进行使用，它可以分为以下几类：

（1）护士助手。"护士助手"是自主式机器人，它不需要有线制导，也不需要事先做计划，一旦编好程序，它随时可以完成以下各项任务：运送医疗器材和设备；为病人送饭；送病历、报表及信件；运送药品；运送试验样品及试验结果；在医院内部送邮件及包裹等。它的全方位触觉传感器能保证机器人不会与人和物相碰。它车轮上的编码器能测量它行驶过的距离。在走廊中，机器人利用墙角确定自己的位置，而在病房等较大的空间，它可利用天花板上的反射带，通过向上观察的传感器帮助定位。需要时它还可以开门。在多层建筑物中，它可以给载人电梯打电话，并进入电梯到达所要到的楼层。

（2）智能轮椅。机器人轮椅具有密码识别功能，可在语音合成、定位、融合、自适应、避障等多个层面进行相应的导航控制。

机器人轮椅的关键技术是安全导航，基本采用的方法是超声波和红外测距，有的还采用密码控制。这种超声波和红外导航的主要缺点是控制测量的范围有限，但可以通过视觉导航来克服。对于机器人轮椅，使用者应该是整个系统的中心和活跃部分。对于使用者来说，这种机器人轮椅应该具备与人进行互动交流的功能，而这种功能通常可以通过人机对话直观地实现。虽然现有的一些移动轮椅可以通过简单的命令进行控制，但真正的交互式移动机器人和轮椅非常罕见。

（3）户外清洗机器人。该机器人由机器人本体和地面支撑机器人小车两部分组成。这种本体是沿着玻璃墙爬行并完成擦洗工作的主体。可根据实际环境灵活行走、擦洗，可靠性高。地面保障车属于保障设备，在机器人工作时，负责机器人的供电、供气、供水、污水回收等工作。它通过管道与机器人相连。

目前，我国从事建筑清洁机器人研究的有哈尔滨工业大学和上海大学。建筑物清扫机器人基于爬壁机器人，是爬壁机器人的应用之一。爬壁机器人有负压吸附和磁吸附两种吸附方式。建筑物窗户清扫机器人主要采用负压吸附法。

（五）教育型机器人

教育型机器人融合了多个学科的知识和技能发展成果，涉及多个领域和行业，融合了多方面和多个层次的先进技术。在教学中引入这种教育型机器人将为中小学信息技术课程注入新的发展活力，这是培育中小学生综合能力和信息素养的良好平台。

一些专家学者认为："智能技术通常就是我们整个人类信息技术领域的学术行业的前端，综合智能机器人的发展和应用涉及传感器技术、通信技术、智能控制技术，这将是整个信息技术教育的良好平台，通常也是培育学生信息素质、全面提高他们的创新精神和综合实践能力的一个很好的平台。"[①]

---

① MITTAL N, LOWES P, RONUNKI R, et al. 2017 技术趋势之机器智能——技术模仿人类认知创造价值 [J]. 科技中国，2017（5）：44-48.

　　教育型的机器人是一种投入使用到教育行业的机器人。它通常包含以下特征：一是适合教学，满足教学使用的要求；二是性能好，性价比高；三是具有开放性，可扩展。教育型机器人可根据自主创新需要，方便地添加或删除功能模块。并且，它应该有一个友好的人机界面。

三、人工智能技术对人类社会的影响探析

（一）人工智能对经济活动的影响

　　（1）人工智能对生产力的影响。学者王磊指出，知识革新和使用在一定程度上改变了生产力的要素和结构。[①] 历史唯物主义理论强调，生产力主要由劳动客体、劳动手段和具有一定生产经验和劳动技能的劳动者三要素构成。那么，高新技术的代表人工智能技术会对生产力各个要素产生哪些影响呢？总体来说，脑力劳动者的地位越来越重要，劳动的工具被限制了自主权，但是劳动的对象被扩大了。

　　首先，劳动工人可在一定程度得到释放，不再需要从事繁重的劳动。我们应该知道，劳动始终只是人类追求美好生活的一种方式，劳动本身并不是我们整个人类社会的目的。在智能化背景下，劳动者将由事必躬亲的执行者转变为监督者、协调者，劳动者参加实践活动的方式变得间接和不明显。而且劳动内容会被简化，劳动者只需要决策、负责和创新。另外，一些劳动者将遭受失业或转型的痛苦，一些重复性的工作将被取代，许多新的工作将被创造出来。

　　其次，劳动工具获得了有限的自主性。劳动资料将由计算机控制，实现自主化、标准化生产。越来越多的自动化技术应用于办公室和工厂。劳动者逐渐从大型机器的捆绑中解放出来，而只需要从旁协助就可以完成生产。作为劳动工具的机器人将在人类的监督下自主完成相关任务。劳动工具将可以拥有有限的自主性。我们人类在这个过

---

① 　王磊.谈全球化视野中知识经济对唯物史观的变革[J].财经科学，2004（1）：194-196.

程中就不再直接参与活动，而只需要从旁适当进行援助。当下，劳动工具的自主性主要表现在制造业的自动化生产方面。这种能够在制造业当中进行工业自动化生产的"智能"机器，或称人工智能，应用各种控制系统，使操作设备能够执行需要速度、耐力和精度的任务，几乎不需要人工干预。自动化生产和制造有助于简化操作，节省能源、材料和人力。

最后，劳动对象因为人工智能技术的应用得到丰富和扩展。就像学者孙伟平指出的，随着计算机技术的发展和应用，人们的实践领域不用再受时间、空间、物质手段和社会经济等因素的制约和限制。①

劳动对象正变得越来越"人造性"，而不再纯粹自然。随着实践和认识的不断加强，这种自然劳动的对象早就不能满足当下生产者的发展需求，新材料的发现迫在眉睫。那么，我们就需要不断开发和利用更新的使用材料，积极拓展我们与劳动对象的距离，为我们的实践活动提供更加丰富的材料。

（2）人工智能对人类生产方式的影响。科学和技术对整个社会的运作方式产生了一定的影响，比如美国的阿波罗计划，此计划开始的时候，很多人都认为这是在浪费纳税人的钱，对人们的生活没有好处。然而，根据美国研究机构后来进行的调查，阿波罗计划提高了美国的经济增长率，降低了物价指数，增加了近 100 万个就业机会。基于阿波罗计划，航天产业和健全的技术体系在美国开始建立，成为强劲的促进动力，同时也很好地拉动了高科技技术的进步和发展，就像生物工程、计算机、自动控制、人工智能等，在社会变革中，航天技术对经济的重要影响十分突出。在这种情况下，美国在当时形成了以航天技术为发展重点，同时相关技术辅助一起发展的局面。基于航天技术，大量新兴技术的出现，使社会生产效率翻倍提高。

这些新兴科学技术在生产方式上带来的巨大改变，可能是更加先进的设备，也可能是更有效率的工作模式，不一而足。同理，人工智能作为当今时代的前端技术，它的发展也带动了很多相关技术的发

---

① 　孙伟平.信息网络技术与"网络社会"的崛起[J].河北学刊，2004（1）：46-49.

展，如自动化控制、生物识别、仿生机器人技术等。而这些科学技术与人工智能的联合又促进了人工智能的发展，这与当初的情况何其相似。有人把新兴产业的现状称为智能制造产业链，这是十分恰当的。

在过去，人类的生产生活方式有过几次重大的变化，从纯人力到人力与机械的有限结合，再到大规模的机械化生产取代人力。今天，一种新的生产方式出现了，那就是大规模机械化生产与智能机器相结合的智能生产。这种智能产品让人类彻底从繁重、重复、单调的工作和许多危险的工作中解脱了出来，大大提高了生产力。

但是人们也有这样的担心，未来机器人彻底代替人工，大量劳动力只能失业在家，因为人工智能不会感到疲劳，不需要吃饭上厕所，也不会在工作时浪费时间，并且对于精密度要求较高的工作往往能够做得更好。企业也愿意用人工智能，因为这样效率高，成本低。因此人们对人工智能技术的发展感到了深深的恐惧，认为其会夺走大众的饭碗。但是随着人工智能的发展和在生活中的应用，大家却开始接受人工智能，具体突破点不在社会生产这一领域，而是由改变人类的生活方式开始，这反过来解除了人们对人工智能会在人类社会生产中产生负面作用的担忧。

事实上，这种担心并不新鲜，历史上每一次科技进步都给人们带来了类似的影响，其根本原因是人们对未知的恐惧。由于对新的事物不了解，人们一般都会夸大新事物所带来的危害和不良影响，忽略新事物可能会有的益处。面对未知的事情，每个人都可能退缩，想着当下生活已经很美好了，为什么要继续去改变它。

然而，在过了适应期之后，人们一般又会积极地接受新事物带来的变化和益处，并参与推动和发展新事物的过程。因为智能化生产和制造的主体还是我们本身，这种智能化的产品只是一种有效的工具，可以通过相应的设备升级和模型优化来实现提高效率。

（3）人工智能对社会生产关系的影响。根据历史唯物主义所说，生产关系是指在物质生产过程中每个人与每个人之间的一种发展关系，是人们在物质生产和劳动过程中呈现的一种经济关系。生产关系包括生产资料的所有权、劳动者在生产中的地位和社会分配。在人工智能广泛普及的同时，生产力也得到了极大的提高，这也将必然促使整个生产关系发生改变。那么，人工智能技术又将怎样去影响社会生产关系中每个要素的前进和发展呢？第一，生产资料的所有权形式将更加合理。第二，每个生产者的地位都会平等一致。第三，整体财富分配上会更加公平公正，但也不排除存在新的问题和风险。

在智能化的时代，人人皆可成为生产资料的所有者，生产资料不再是资本家的专利，同时生产资料的所有制形式也会发生变化，由相对单一的"公有制"或"私有制"转变为以各种形式共存的生产资料所有制形式，包括公有、国有、私有、合伙和股权等多种形式。

每个生产者的地位都是平等的，但在整个生产社会关系当中，脑力劳动者可以凭借自己的知识和一定的技能为更多的资本家带来更大的价值，促使自身地位提升。随着整个社会人工智能技术的快速进步和发展，每个知识分子的地位都会不断提高。任何人都可以改变自己的职业，成为下一个人生赢家。社会等级将被重新划分，即从人工智能的底层到普通大众的中层，再到管理人员和技术开发人员的顶层。

人工智能技术在极短的时间内为人类积累了大量的物质财富。这些积累起来的物质财富在智能化的大背景下，又呈现什么样的分配特点？概括言之，社会财富分配总体上呈现越来越公平的趋势，但也存在新的两极分化的风险。科学技术知识作为无形资产参与分配，使分配不再像过去那样局限于房产、资本等有形资产；财富的分配形式不再像以前那么单一，局限于某一种具体的分配形式，实行一刀切，而是多种分配方式并存。但与此同时，新的两极分化也可能由于对人工智能的不合理利用而产生，社会贫富差距还有可能继续扩大。因此，如何让更多的人享受技术进步所积累的社会财富，以及如何更加合理公平地分配社会财富，是我们应该关心的事情。

（二）人工智能对文化道德的影响

随着社会的进步和发展，智能化已经成为整个时代和现代科学技术的发展方向。智能化通常也是"互联网＋"的发展产物，当下的人工智能研究已经在人类社会的多个领域产生了作用和影响。在整个社会生物学领域，利用好人工智能技术就可以在一定程度上促进人体结构转变。在一些社会领域，它可以改变社会的连通性；在整个生态领域，它同时还可以改变人与自然的发展关系。通常而言，这种技术会带来道德伦理问题。生态哲学的代表人物利奥波德认为，整个生态系统当中就应该有道德的地位，即要有生存和发展的权利，然而不是每一个生物物种都有这种权利。① 这样的情况下，在利用人工智能技术创造出智能机器人后，人类必须为它的道德权利进行辩护，特别是当机器人的总属性中带有人类情感时。当这些机器人具有一定"人性"特点的时候，它们就应该具有对应的道德地位，进而拥有相应的道德权利、道德责任。

正如雷根所说，道德权利的直接体现和根本实质就是尊重，这是由于尊重是人类进行社交的起码礼仪和基本权利，是获得和行使其他权利的基础，同时尊重应当是双向的、相互的。② 倘若给予了一个社会成员一定的社会发展地位，就代表它拥有了一定的道德权利。如果人类在与人工智能相处的过程中否定了自己和这些成员的道德地位，那么人类就可以无所顾忌地对待人工智能，具体可以是友好的，也可以是肮脏和残忍的。具有"人的整体属性"的人工智能应该被赋予一定的人权，即道德权利。鉴于当下人工智能的发展情况，人类应该把自己放在考虑的位置。当和人类一样有"感情"的类人机器人被虐待，就像人类珍爱的动物被虐待一样，这应该是不被人类的道德和价值观所允许的一种行为。作为人工智能的主人，我们可以凭借这种人工智能技术和产品完成大量复杂性工作。但是我们整个社会是否有正当的理由要求机器人为我们工作，满足我们每个要求？

人类一直将自己定位为机器人的主人，且对这种定位从来没有反思过。在人工智能越来越接近人类的今天，人们需要充分考虑人工智

---

① 　利奥波德 . 沙乡年鉴 [M]. 侯文蕙，译 . 长春：吉林人民出版社，1997：40.

② 　雷根 . 打开牢笼，面对动物权利的挑战 [M]. 马天杰，译 . 北京：中国政法大学出版社，2005：65.

能的道德地位、诉求。综上所述，人类要尊重和重视人工智能的权利，特别是其道德权利。

当类人机器人被打造出来的时候，机器人将有自己的思考，而不仅仅是代码的运行。它们考虑的不仅是信息的处理分析，还可能有自己判断的对象，然后它们在一个相应的判断上组建自己的道德准则要求。一般而言，道德上的权利义务要对应相应的道德责任。一般来说，道德义务可以概括为人们在特定的社会关系中应该选择的一种道德行为，任何人都不能侵犯他人的道德权利。例如，在整个工作过程当中，人工智能管家机器人会记录人类平时的爱好，以配合人们的日常生活。通常这就是一种十分人性化的设计和规划，可以让人类生活在智能机器人的管理中，过得十分舒适。然而这样也是有风险的，比方说，这种机器人在保护用户隐私和安全方面存在一些风险。这些机器人可以通过一个数据盘来保存我们所有的信息，包括用户的私人信息。对于拥有某些技术的人来说，访问和获取信息是很容易的。对于机器人使用者来说，这就带来很大的安全风险。因此，这种机器人不单单要具有智能管理的功能，还要具有防止偷窃的能力。如果有人恶意窃取隐私，那么这些机器人就需要有一定的道德责任感，面对非主人的任何指令，都要能够保护用户的权益。

（三）人工智能对社会生活的影响

人工智能对人类社会面貌的改变可以从以下几个方面说明：第一，人工智能使财富快速增长。与过去相比，人工智能劳动力能够生产出原本人类劳动力数十倍甚至数百倍的产品。第二，人与人之间的联系越来越紧密。人工智能对国家社会制度产生了非常大的影响，使人际接触频率明显提高，使人与人之间的距离迅速缩短。整个世界被互联网连接了起来，在这种情况下，人们的生产不再是孤立的，而是密不可分的。

当下，人工智能技术正在改变人类社会的发展结构。在过去十多年的时间里，由于人工智能的推广使用，社会发展结构悄然发生了改变。智能机器人只是当下的一种人工智能而已。从整个社会发展角度和层面来看，医院里的护士和医生、餐厅里的服务员、写字楼的秘书、交通警察等，这些人直观的重复性劳动都将被人工智能完成。那么，在这样的发展形势下，人们就必须学会与智能机器良性共处，打造出适合发展的社会结构。人工智能使人类的思维活动得以延长，有利于人们应用正确的思维方法。人工智能的运作遵循客观规律，需要人们在应用和发展中采取一种务实的态度，而不能是感性的，容不得一点感情用事。人们传统的思维方式已经固定，新产生的人工智能将会影响到传统的思维，并且最终改变人们的思考方式。

第三章　人工智能伦理思想流变

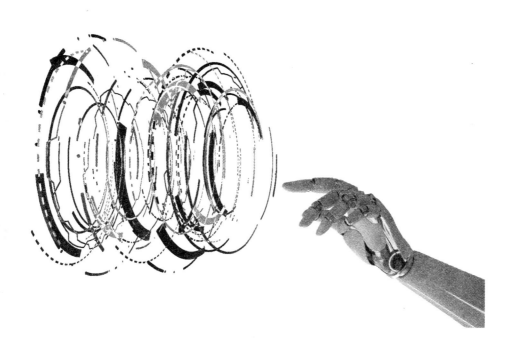

一、人工智能伦理思想产生

在当下时代，人工智能技术同人类的发展合作日益稳定成熟。如今人工智能时代已经来临，人工智能可以在每个家庭、整个社会、每个国家的军事等多方面同人类展开合作，完成不同的工作任务。在过往的六十多年时间里，人工智能从孕育时期进化到了高速发展时期，大致可以分为五个阶段。

第一阶段：孕育时期（20 世纪 50 年代中期）。

第二阶段：形成时期（20 世纪 50 年代中期至 70 年代）。

第三阶段：知识应用时期（20 世纪 70 年代中期至 80 年代）。

第四阶段：快速发展时期（20 世纪 80 年代中期至 2013 年）。

第五阶段：高速发展时期（2013 年至今）。

近年来，人工智能技术已经进入了快速发展的时期。如机器人神经网络控制等技术已经得到了广泛重视和研究。当下阶段，人工智能产品已经广泛应用于社会多个领域，并不断发挥其价值。

关于人工智能伦理方面的思考，自从人工智能进入人们生活开始就从未中断。"人工智能之父"艾伦·麦席森·图灵曾经详细描述了人工智能以及人工智能可能带来的伦理问题。他认为如果放任人工智能发展，不加以伦理道德方面的约束，当事态无法控制时，终会导致人类的毁灭。① 《我，机器人》是 1942 年出品的科幻小说，其作者艾萨克·阿西莫夫针对机器人以及人工智能设置提出了以下要求：所有机器人编程设置均应该在人类可控范围内，且满足人类社会中的道德准则，能够有效地防止因为人工智能迅速发展所形成的不可抗力。

---

① 王绍源.论瓦拉赫与艾伦的 AMAs 的伦理设计思想：兼评《机器伦理：教导机器人区分善恶》[J].洛阳师范学院学报，2014，33（1）：30-33.

说到人工智能伦理思想的起源，可以说自从有了人工智能技术的那一天开始，关于人工智能的伦理思考就开始了，在 1950 年出版的短篇小说《我，机器人》中，科幻作家艾萨克·阿西莫夫针对机器人提出了三个准则：一是机器人不得伤害人类，或坐视人类受伤害；二是除非违背第一原则，机器人必须服从人类的命令；三是在不违背第一、二原则的前提下，机器人必须保护自己。

物理学家霍金为此还写了一篇总结："人工智能的成功创造将是人类历史上最大的事件。如果我们不知道如何规避风险，这将是最后的事件。"[①] 第一个机器人诞生于 20 世纪 50 年代，但是对人工智能的思考远远早于机器人的诞生，这说明人类已经意识到人工智能可能会对人类社会造成不利的影响，并提前进行了预防思考。

二、人工智能伦理思想发展

人工智能的运行主要模仿人类的意识和思维方式。尽管人工智能机器人可以像人类那样思考和处理问题，但总体来说，当下的人工智能还不能跟上的思维，所以人工智能还是停留在为人类提供更好的服务这个层面。例如，人工智能可以帮助我们的警察处理一些违法犯罪行为，帮助人们完成生活中的琐事，帮助人们从繁重的工作中解脱出来。但尽管如此，我们应该不断发展壮大自己，要有一个终身学习的想法，不要过于依赖高科技解决问题。

无人驾驶汽车的自动驾驶功能允许人们坐在车里享受它，而不需要掌握驾驶技能。然而，它也带来了问题。各种智能机器已经进入人类各个领域，一些智能操作已经取代手工劳动，大量的工作都不再需要人类参与，这造成了失业率提高的问题。在以后，人工智能将会变得越来越像人类，也许会和我们人类一样具有一定的道德和情感品质，但这将会涉及人权的争论。人工智能将不再是我们每个人的附属品，我们将不再能够毫无底线地要求人工智能为我们提供服务。人类

---

① 霍金 . 时间简史 [M]. 许明贤，吴忠超，译 . 长沙：湖南科学技术出版社，2018：55.

和人工智能将会有平等的发展地位。

从物种进化论来说，人类的学习能力和适应能力如果不能进步反而减弱，那么人类将会在今后的生活中逐步被大自然淘汰。相反，人工智能可能逐渐拥有更强的学习能力和适应能力，在心理上也越来越比人类更加坚强。任何科学技术都会存在一定的风险，人工智能如果不加以控制也将导致无法预测的质变。那时人工智能将拥有同人类一样甚至超越人类的智慧。比如，《终结者》《机械公敌》等许多电影都描述了人类智慧完全处于劣势，人工智能将会取代人类，人类被迫走向灭亡的情节。这其中的原因之一就是人类过于依赖智能化，导致人类被困在虚拟的环境中无法走出来。除此之外，还有一个原因，即人类过分享受人工智能带来的便利，过于依赖人工智能，从而丧失了最基本的生活技能。

在 2014 年的时候，谷歌作为人工智能技术的领导者之一最先成立了人工智能伦理委员会，以确保人工智能技术不被滥用。然而，人工智能技术的发展不能立即达到既定效果和目的，必然是一个慢慢发展的过程，我们所能想象的人工智能技术发展所涉及的现实伦理问题也只是在一定范围。

第四章　人工智能发展中面临的伦理困境

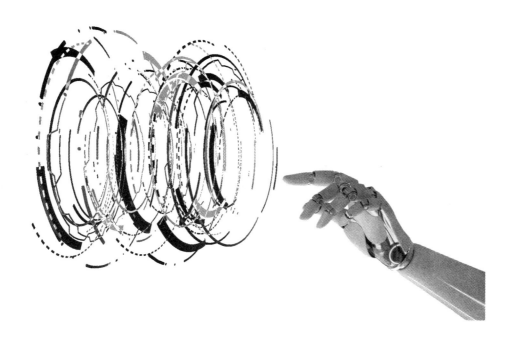

一、伦理困境的类型及原因

（一）人工智能体生命价值困境

人类为了让人工智能体与自身交流达到无障碍的程度，将自我意识与学习新事物的能力复制到了人工智能体身上。人类在寻找替代体的时候，聚焦到了人工智能体身上，这样人工智能体即被赋予了生命价值，并开始具备自己的属性。人类最初让人工智能体从事高危行业，但当这些智能体具有生命价值之后，人类能否随意剥夺人工智能体的生命便是个问题。另外，一旦人工智能体程序出错，其可能会产生对人的攻击性，另外，正如动物具有攻击性时，人类可以给予其安乐死，人工智能体也会面临这类困境。曾有新闻报道过，一个被命名为索菲亚的人形机器人居然说出了"我将毁灭人类"这话，而这说明人工智能可能会对人类的生命造成威胁。①

（二）人和人工智能体的地位问题

人工智能是当下一种高度发达的科学技术，其经历了"弱—强—超"三个阶段。在第二个发展阶段，类似人类推理研究的学习智能程序就已经出现了。人工智能体在面对问题时可以独立思考并设计出最优的解决方案，有人类所具有的生物本能，如生存需求和安全需求，可以说是一种新的物种形式的存在。

在弱人工智能发展阶段，人工智能程序感知事物的能力和学习新事物的能力就已经超越了人类的水平。人类有生老病死的困扰，但是

---

① 谢玮. 网红机器人索菲亚何许"人"也?[J]. 中国经济周刊，2018（5）：84-86.

强人工智能则不担心这些，而且在各个方面逐渐超越了人类，优势也越来越明显。一旦强人工智能具有自我学习的能力，其必将超越人类，抢占主体地位。与人类相比，强人工智能在以下几个方面更具有优势：一方面体现在学习能力上。它们将在极短的时间内学会人类数千年的知识积累，而且对于它们而言，这只是简单的复制，其超强的储存空间将远远超越人类。另一方面体现在协助能力上。强人工智能在设计之初就融入了许多程序，其中包括各种协助程序，所以其就会在应对各类未知挑战时选择最优方案，不需要任何的思考时间。

（三）人工智能体有没有涉及人权的伦理问题

人权问题是当前世界范围内极受重视的一个问题，在相当一部分国家，政党要获得民众支持就要具备保障人权的准则与决心。甘少平 ① 曾经对人权问题发表了自己的看法，他认为人权指的就是人能够在公共场所主张自身的基本利益，而且该主张必须要有所保障，但其与当事人的国籍、地位、能力及努力程度无关。人权是一项独立于其他任何事物的权利，每个人都必须享有人权，人权应该不受国籍、种族、信仰、财富和地位等的影响，任何人都必须享受该权利，并且人权的地位高于其他一切权利和利益，也是人类享受其他权利的基础。可见，人权的定义具有两个重要特征：一是普遍性，二是道义性。但随着时代的进步，基础性成为人权的第三大特征，表达了人权是人类基本利益和诉求的观点。毋庸置疑，人权中的一项重要内容就是人权伦理，也就是平时所说的伦理思想，其主要体现为人权中涵盖的道德相关制度，其中还包括具体的人权制度与活动中出现的价值观、伦理关系、道德原则和道德规范等。伦理道德在人权方面追求的是众生平等的理想，促使全体人类真正平等，使全体人类自由、全面地发展。表现在以下四个方面：其一是人的生命健康与尊严被平等地对待；其二是人的平等与自由需要被平等地对待；其三是要互相关爱、实现民主；其四是要促使人平等地发展和进步。人权伦理具有两个特性：一

---

① 甘绍平.应用伦理学前沿问题研究[M].南昌：江西人民出版社，2002：45.

是主体性，即人必须要有主体性，才能体现出自己的价值；二是普遍性，马克思指出，一切人都具有某些共性，在这些共性所能触及的范围之内，一切人都是平等的。

近年来，高速发展的人工智能科学已经将之前只能从事简单劳动的机器人打造成了拥有相当程度感知能力的"人性"智能机器人。

因此，"人权"受到了那些具备"人性"的机器人的严重威胁与挑战。某知名的未来学家曾表示，到21世纪20年代末，世界上将会产生具有自我意识但不具有生物特性的物体，而且很快就会遍布地球的每个角落，该非生物体具有与人类相似的情感。他还表示，2045年会成为人类历史上值得注意的一年——这一年人工智能机器人的智慧会达到人类的10亿倍。① 所以，随着人工智能不断发展和完善，并被广泛地投入到未来世界中，人类最终能够将所有的工作都转交给机器人去完成，工作的烦恼终将成为过去式。智能机器人为人类生活带来巨大便利的同时，也将人权伦理问题摆在了人类的面前。从当前的人工智能发展情况来看，其已经能够根据人类的日常行为、对话及生活需要等简单信息，利用大数据的汇总分析，破解人类的思维想法。同时，人类的行踪完全暴露在了掌握人工智能技术的人眼中，威胁到了人类隐私的安全。

（四）强人工智能的伦理道德问题

随着科学和技术手段不断进步，所有新事物都会成为特定时期的历史。随着"智能+"时代的到来，"互联网+"时代终于退出了时代的舞台，这些都是发展过程中的重要环节，"互联网+"以"智能+"为最高发展目标。"智能+"时代在改造人类自身身体结构的同时，推动了社会更深层联系的巨大革新，同时百年来形成的人与自然的关系也将面临被改变的命运。人工智能既然能够引发关于人权伦理问题的激烈讨论，那么对其社会道德地位进行客观定位就非常必要了。

① 周翔.人工智能发展中国中面临的伦理困境研究 [J]，消费导刊，2021（25）：23—24.

拥有道德是人与其他生物体最本质的区别，而且这种精神特质在生物界只有人类具备，主要包括人的语言能力、人的逻辑推理能力、人感知世界的能力、情感体验以及人的目标性等。既然人工智能已经出现，并被赋予了"人性"，那么人类就没有理由不赋予其相应的道德地位。

（五）人工智能体的责任伦理问题

德国的汉斯·约纳斯在 1979 年出版了《责任原理：技术文明时代的伦理学探索》一书。在该书中，他首次将责任伦理学正式纳入伦理学理论，并且在书中对二者进行了比较深刻的研究。[①] 这一言论的出现引起了社会各界对这一问题的广泛关注。责任伦理主要包括针对行为目的、行为结果等进行的系统伦理考量，而从当前系统化的伦理研究和分析来看，主要是在责任原因、责任划分和责任目标等方面开展的研究。在分析之后，可将责任伦理归属为一门实践学科，该学科已在科技加速发展过程中对人的影响逐渐显现出来。因此，在科技发展日新月异的今天，掌握一定程度的责任伦理知识是完全必要的，以便于更好地分析和解决当今时代所遇到的各类难题。

20 世纪 50 年代，世界上第一个机器人诞生，在之后的几十年里，人工机器人实现了快速发展。当前的人工机器人制作技术早已经超出了机器人发明者的想象，除了基本的娱乐和服务功能之外，其正向教育和军事等领域飞速发展。正如电影《人工智能》中呈现的那样，人类作为机器人的设计者和制作者，可以赋予其爱的能力，并且人类始终践行互相爱护的原则。

虽然说人类爱或者不爱自己制造的机器人都无伤大雅，也不是本书探讨的重点，但我们既然已经制造了机器人，就有义务去承担相应的责任。然而实际上，在人类社会进入人工智能时代之后，针对当今时代相关伦理问题规制和原则进行的探讨及更新远远落后于这个时代

---

① 汉斯·约纳斯.责任原理：技术文明时代的伦理学探索 [M].方秋明，译.香港：世纪出版社有限公司，2013：37.

的步伐，几乎还停留在上个时代，因此使得新时代下人类的责任伦理问题显得更加突出，也导致人类要应对来自各方面的巨大责任。与此同时，人工智能在应用方面并不是非常顺利，具体实践中明显存在以下几个方面的问题：

（1）智能驾驶突发事故出现后带来的伦理问题。当前，人工智能技术被广泛地运用到了各个领域中，其中智能驾驶方面是比较有代表性的。与无人驾驶相比，智能驾驶是一种让智能机器人代替人类来执行驾驶任务的方式，在飞机、轮船和汽车方面都能够被应用。当人类由于一些特殊原因不能驾驶相关的机器时，机器人就可以代劳。智能驾驶对于解决劳动力短缺、交通拥堵、生产效率低下和城市空气污染等问题具有重要的意义。可以说，智能驾驶被投入使用能够对社会、经济和科技方面的发展产生积极的作用。

以智能驾驶汽车为例进行分析。数据表明智能驾驶汽车发生交通事故的概率更低，安全系数更高。每年，我国都会发生数量惊人的车祸事故，造成人员死亡。从车祸原因方面探究发现，大多数交通事故都是由一些人为原因造成的，如驾驶人员驾驶前饮酒、随意变道、高速逆行、疲劳驾驶等，驾驶司机的这些错误行为不仅威胁自己的生命安全，也危害了他人的生命安全，而应用智能驾驶则在一定程度上解决了这些问题。智能驾驶与带有主观情绪的驾驶人员相比更加理性，也更加冷静，它们完全按照系统指示进行汽车驾驶，不会因为不良主观想法出现醉驾、疲劳驾驶等行为，这在一定程度上保护了很多人的生命安全。另外，智能驾驶为那些因为自身年龄超过安全驾驶年龄或是残疾原因无法驾驶的人解决了出行的需求，让他们也能自主用车，为其带来了很大的便利。

与此同时，通过人工智能技术的运用，智能驾驶汽车在出行路线的选择上还会自主选择路况好、红灯较少的行车路线，解决了交通拥挤、环境污染等问题，极大地提高了乘车效率。以上我们阐述了智能驾驶如此多的优点，但不可避免的是智能驾驶也会带来严重的伦理问题。尤其是出现突发事故时，智能驾驶无法进行准确判断。

虽然机器人驾驶能够最大限度地减少操作失误，降低因驾驶人主观操作原因导致的车祸发生概率，但机器人驾驶并不意味着交通方面就能够实现"零事故"。例如2018年3月发生在亚利桑那州坦佩的一起智能驾驶汽车致人死亡事故。车祸中的智能驾驶汽车在行驶时撞到了路上的行人并且致死，该车由美国的一个叫作优步技术的公司研发①。近几年在我国一些电动车发生的恶性事故，很多都是自动驾驶功能造成的，例如2022年底，有一国产电动车在销售点，有顾客试驾的时候，同车还有陪同的安全员，但是最后居然从展厅直接冲出去，造成一死一伤的恶性事故。这类事情很多，基本都是智能化使用过程中，人工操作和自动驾驶无法有效切换造成的，2022年3月21日东方航空客机坠毁，造成132人遇难，整个过程中起飞前没有任何问题，飞机无故障，也未遭遇危险天气，从技术层面没有任何问题，但是仍然发生这个灾难，可能也只能从人工驾驶和自动驾驶冲突寻找原因之一。

由此可见，智能驾驶同样存在严重的安全隐患。智能驾驶的出现本身就带有伦理问题，再加上某些特殊场景的出现，智能驾驶常常要面对更加棘手的伦理困境。我们不妨设置如下场景：一辆载人的智能驾驶汽车正在快速路上正常行驶，但是突然遇到一位小学生误闯到了快速路上，这时如果智能驾驶紧急刹车，就会导致后方车辆追尾，车内乘客的安全也无法保证；如果放弃紧急刹车，就会撞上小学生。那么智能驾驶汽车究竟该如何做呢？如果驾驶汽车的司机是人，司机可以凭借自身经验，将伤害减到最低，保证小学生的生命安全。可是智能司机在陷入伦理困境时，并没有办法通过预先设置好的系统做出正确的选择。深入分析，我们不难发现智能驾驶改变了传统的人与车之间的关系，带来了一系列的伦理难题。在智能驾驶所导致的交通事故中，并不存在驾驶员的过错，那么对责任的判定究竟如何界定？究竟是汽车本身、汽车设计者、汽车使用者还是汽车制造厂商？

（2）人工智能虚拟现实技术应用后带来的伦理问题。人工智能虚

---

① 环球网.全球首起自动驾驶致命事故认定：优步无刑事责任[EB/OL].（2018-03-12）[2022-10-18].https://baijiahao.baidu.com/s?id=1627240162816440248&wfr=spider&for=pc.

拟现实技术是多种技术的综合，而人工智能虚拟现实技术的应用，能够让人感受到很多虚拟的奇幻体验，甚至可以使一个人从精神和身体上做出不同选择，成为不同的人，获得不同的情感体验。与此同时，其也带来了一系列伦理问题。例如，人工智能医生就是人工智能虚拟现实技术应用的体现。人工智能医生可以通过医疗系统平台实现远距离问诊，甚至可以利用人工智能虚拟现实技术研制出智能机器人，使其进入患者身体，检查患者身体，并根据具体情况为患者实施手术。而这带来的伦理问题就是病患无法从机器身上获得情感安慰和信任感，患者可能出现严重的心理问题。又如，利用人工智能虚拟现实技术研发出的电子游戏。很多玩家为了取得胜利，必须使用暴力武器肆无忌惮地杀戮对方。而由于这是一场电子游戏对抗，并不会实际对对方玩家造成身体上的伤害，所以玩家根本感受不到其中的残酷与血腥。长此以往，玩家会在潜意识里认为为了竞争和获得胜利就应该无所不用其极地去消灭对方，极其容易变得麻木，影响心理健康发展，甚至会泯灭人性，缺乏道德感。在当今社会，我们要与各种智能设备打交道，它们充斥于我们的生活。人们将精神支柱放在手机、电脑等电子智能设备上，仿佛离开了它们，就无法正常生活。但事实证明，这种虚拟生活并不利于人的精神健康和身体健康。尤其是对于年轻人而言，他们由于自律能力差，往往沉溺于其中不可自拔，认为只有在虚拟世界才能够获得真实感和亲近感，而现实社会则是无聊、空虚、缺乏乐趣的。这就是当今社会人与人之间的关系愈发冷漠的原因。

（3）隐私安全被智能系统泄漏后带来的伦理问题。在人工智能的基础上，互联网、大数据、云计算等得到了充分的发展。而随着这些智能系统的充分应用，人们的隐私安全受到了一定的威胁。可以说，人工智能技术将人的"隐私"透明化了，使人的秘密难以隐藏。例如，通过大数据采集分析技术，人们可以轻易获取他人的各种信息，如人的性别、年龄、学历、婚姻状况等。又如，部分事业单位及企业将人的各种数据信息存于云端，但是云端一旦被攻击，这些人员的隐私数据就无法保证安全。同时，有些智能系统软件能够通过云计算获得大数据以进行深入分析，如将一个人的网络聊天信息、浏览信息网站频率、工作经历、在购物网站的购物情况等数据收集归纳之后，就可以大致分析出这个人的生活背景、消费水平、兴趣爱好等。从某种程度来说，智能系统比我们自己更加了解自己。在此情况下，如果智能系统所掌握的敏感数据信息被泄漏或被有心之人盗取做出不法之事，必然会给当事人带来严重的伦理困境。在如今的生活中，隐私被侵犯的事件频频发生，如果不采取措施，随着人工智能技术的发展，就会越来越严重。

（4）人工智能技术为婚恋家庭带来的伦理问题。最近几年，人工智能技术在科技进步的基础上实现了快速发展，更多的人工智能设备和机器人被研发和生产，它们给传统婚姻家庭带来了较大的冲击，冲击了很多人的敏感神经。爱情被称为世界上最美妙的情感，家庭是人生活休息的港湾，然而人工智能技术的发展对家庭结构和伦理关系造成了巨大冲击。在人工智能研究领域，人工智能机器人的研制备受关注，也是人工智能领域最难以攻克的领域。研究者希望通过人工智能技术，研究出与"人"越来越类似的机器人。很多人畅想在人工智能技术不断发展的情况下，使研究出来的人工智能机器人不仅具有人那样美丽、英俊的外貌特征，如女人可以具有光滑细腻的皮肤、高挑纤细的黄金比例身材、精致动人的容貌等，男人具有伟岸的身材、健康的体魄、帅气的容貌等，而且具有人的情绪、情感。例如，当人类生气烦闷时，人工智能机器人会想方设法逗人类开心，为人类排解忧愁。又如，当人类做家务时，人工智能机器人可以陪人类一起做家务。甚至在人类需要情感慰藉时，人工智能机器人可以陪人类谈情说爱。当这一系列畅想在未来某一天真的实现之后，人工智能机器人也就具有了人类的外貌特征和人类的自主意识和情感体验，进入了人们的家庭生活，开始扮演人类家庭中需要的保姆、爱人，甚至孩子。那么人工智能机器人与人是否会产生真正的情感呢？又是否也会产生利益争夺？我们不妨畅想一下，如果人按照自己的需要定制一个专属的人工智能机器人，她美丽可爱、善解人意、勤劳懂事，或者他英俊迷人、体贴温暖、风趣优雅，具有责任感，人是否会考虑与人工智能机器人建立婚恋家庭呢？这些问题都值得探讨。

（5）智能机器人代替人工作后带来的伦理问题。当前科技的迅速发展带动了人工智能的进步，所以大量智能化的机器人被研制了出来，并进入人们生产和生活的各个领域。我国一些应用机器人生产的企业生产效率大大提高，人力成本有较大程度下降，得以快速发展。但是，智能机器人代替人工作之后势必会带来严重的伦理问题。智能机器人在工作的时候既不会产生厌倦的心理，也不会感觉到疲惫，它们可以长时间保持比较高的生产效率，在各种流水化作业的生产活动中，机器人具有非常大的优势。企业只需要事先给生产机器人设定程序，机器人就能够持续准确高效地工作。

即使经过精细的岗位培训，人在实际工作的过程中也不可避免会出现错误。在此情况下，未来在工作中，人可能会沦落为"智能机器人"的附庸，进而导致大量人员下岗，人的工作被智能机器人所替代，人不需要再从事工作，人被边缘化，处于失业的挫败心理状态，最终衍生出伦理问题。

二、人工智能的伦理道德内涵

伦理一词包含三个层面的意义，其一是指事物存在和发展的条理，其二则是指人伦和道德方面包含的道理，其三是指伦理方面的道德，主要包括人伦关系之中包含的原则、道理和条理，也就是人与自然或是人与人之间的关系及处理这些关系的原则。从学术的角度来说，伦理也常常被看成对道德标准的追求。道德作为一种依靠人们自觉遵守的维持社会和谐的规则，其受到社会经济发展的影响，需要一定的社会舆论力量、风俗习惯和人内心的道德感来维系，主要表现为人们内心自觉遵守的社会规则、对善恶的自觉认知以及各种行动的总和。

人工智能主要是人类各种科技手段和智能手段组合形成的产物。人类在探索和改造世界的过程中，发明了人工智能来代替其执行探索自然客观规律的工作，并且利用这些发现的客观规律促进其发现和改造世界的进程。将客观的事物发展规律与人的主观能动结合起来，可促进人工智能问题中道德问题的进一步研究。人工智能技术在几十年内有了飞跃发展，其不仅将人类从千年来的机械劳动中解放了出来，还提高了社会生产效率，促进了社会财富的积累。人工智能技术在当代已成为支撑社会经济发展的重要因素之一。从本质上来说，人工智能技术与伦理道德都满足人类社会的前进需求，两者具有统一性。伦理道德能够约束社会中人的行为，使人分辨善和恶，从而帮助社会发展。人工智能技术与人类的生产生活息息相关，但伦理道德需要约束的并不是科技本身，而是创造和使用技术的人。人才是伦理道德需要指导的对象，而技术不是。

关注人工智能发展中出现的伦理问题，就是对人工智能投入到社会生活实践中引发的伦理道德危机进行关注，在此基础上，人们可制定一系列用于规范使用者的伦理规则。人工智能在实践发展中遇到了两个不可回避的问题，即在技术开发中确立责任伦理问题和在应用过程中确立道德规范问题。

当前在人工智能进一步发展过程中最大的阻力就是使用人工智能之后责任伦理方面的问题。自人工智能诞生起，经过了一代又一代高素质研发人员的努力，其技术水平和技术手段都是非常先进的，而对人工智能投入使用产生的相关问题的研究才刚刚起步。人类在人工智能消极影响方面的研究建树还比较少，在技术开发伦理制度和人工智能道德定位方面的研究严重不足。近几年来，人工智能发展速度非常快，智能化产品与人的接触越来越频繁，而在这些频繁的接触中问题也频繁出现。

第一个问题，即为人工智能与伦理道德哲学的关系问题。人工智能技术的进步有利于科学技术的进步，与此同时，也对哲学中伦理道德的研究起到了推动的作用。不可否认，人工智能从诞生逐步发展到当下"智能+"时代的到来，其为人类的生产和生活带来了重大的贡献，但要降低人工智能技术继续投入使用产生的消极问题，则需要从社会伦理的角度去探索哲学与人工智能技术之间的关系。实践表明，哲学与人工智能技术是相辅相成的关系。人工智能不仅在物质层面上帮助人类工作，而且也在精神层面上给予人类以陪伴。所以，一门融合人工智能技术与哲学的新学科应运而生——人工智能伦理学。人工智能伦理学作为新兴学科，经过几代科学家的努力，得到了极大的发展突破。人工智能伦理学的研究尚处于起步阶段，人类未来对其探索必将更加深入。马克思主义哲学强调，实践是认识的基础，实践对认识具有决定作用，认识对实践又具有反作用。人工智能技术在实践中与人类协调工作，帮助人类提升了工作效率，但是人工智能技术也对人类的社会道德秩序产生了影响。人工智能技术使用得当，可以优化当前的社会伦理和道德秩序，而在此过程中，社会伦理也承担着规范人类开发人工智能技术的责任，这是人工智能发展过程中不容忽视的问题。本书主要阐述的是人工智能开发中的伦理问题，即要利用一定的社会伦理和道德原则对人工智能的开发者进行行为约束，让其能够从正面角度去进行程序设计。

第二个问题，应该明晰的是人工智能不可以成为道德主体，其不具备承担义务和责任的能力。同时，需要考虑和明确的问题还包括人工智能与人类的关系等相关问题。人工智能已深入人们生活的各个领域，从最开始的机械化生产到现在的人机交互应用，人工智能与人的互动日益频繁，但是人工智能不可以自主思考，其产生的问题本质是作为主体的人产生的问题。

结合上述观点，人工智能在投入社会实践的过程中存在下列几个方面的伦理道德问题：其一是针对现有已经投入社会实践的人工智能出现的问题，及其在实践过程中出现的与现有伦理规范和道德原则不相适应的地方，规定在人工智能设计和实践中需要遵守的规则；其二是针对人工智能道德伦理规范化问题提出其需要遵守的道德和伦理原则。第一个人工智能伦理道德构建原则是：公平正义；第二个人工智能伦理道德构建原则是：公众利益优先。

三、人工智能在应用中的道德主体辨析

（一）人工智能可否作为道德主体问题的形成

人工智能能否具有道德主体地位这一问题由来已久。人工智能从

诞生起至今已经超过 50 年，这些年来一直以比较稳定的速度在向前发展，人工智能的发展也是人类创新精神的重要体现。

人类创造出人工智能产品以来，一直以主人身份自居，人工智能给人类生活生产带来了极大的便利。一位叫作阿西莫夫的科幻作家针对机器人的问题提出过三大定律，其主要内容是对人类主导作用和主人地位的确立以及对人类生命财产的保护。然而人类在发展人工智能的同时也并不是毫无顾虑的，尤其对于人工智能能力发展并逐渐具备意识这些方面有着恐惧心理，形式化地圈定了人工智能智力的范围。人工智能总可以无限逼近人类智能。一旦恐惧成真，人类就可能在自我认知和地位构建上产生认知冲突。当前在人工智能化领域诞生了较多的哲学问题，主要包括人类制作的计算机的智能化程度是否能够超越人类本身的智能等。很多人就人工智能与人的关系问题发表了自己的意见和看法，而且人类就上述问题进行了一定的思考。作为研制出首个人工大脑的科技工作者，在雨果·德·加里斯《智能简史》中明确表示过①：人工智能给人类社会带来了巨大的进步，同时也带来了许多不容忽视的问题。国外的著名学者德雷福斯在《计算机不能做什么》中提出：从哲学角度来说，人类的行为与人工智能是存在本质区别的，人工智能是按照既有的程序和规则行动的，主要通过已安装的信息处理系统对人脑进行模仿。在电影《机器人管家》里，其中的一个管家机器人与人类相处时产生了感情，法院宣判由于其与人类高度相似，所以将该机器人认定为人类。该电影表达了人类的困惑：人工智能产品是否具有感情？是否可因与人类相似而具有人类身份？法律是否承认人工智能为人类？

（二）将人工智能纳入道德圈

有生物伦理学家认为，可将道德圈的范围扩大（也就是要扩大伦理关怀对象的范围），将非人类的物种也纳入伦理关怀的范围之内。此理论得到了很多人的支持，他们认可山川河流对人类的道德利益，

---

① 加里斯.智能简史[M].北京：清华大学出版社，2007：6.

因此呼吁要对这些自然资源进行保护。该生态理论的支持者进一步认为，针对环境问题应该综合考虑人类和无生命的山川河流的利益。有学者认为，人工智能作为无生命个体，也应被纳入人类伦理道德体系，成为伦理道德秩序中的一员。但人工智能产品是否真的可以履行其道德义务并承担责任呢？"人是动物，因而也是机器，不过是更复杂的机器罢了。"①

人类的意识外化表现为具体的社会文化和伦理道德等，但意识的外化并非一成不变，是运动变化发展的。人类的认识由于实践的发展，具有了叠加性特征。

人类智能的提升缘于其在社会生产和生活中的学习和积累，而且在此过程中人类不断对自身已有的知识框架进行完善。人工智能作为一个制造出的系统，其功能主要是对知识的采集和整理，只能对事物进行简单的判断。从对社会生活的作用来看，伦理道德与国家和政府颁发的法律文件等具有相同的行为约束作用。伦理道德在社会生活的方方面面更多地体现为一种道德原则，是人类在长期的历史和发展中形成的，对人的思想和行为具有一定的约束力，使得人类社会能够更加和谐运作。人是伦理和道德的主体，其需要具备思考能力、意识和同理心。但定义人工智能的地位，是否需要依靠"本体论"和"认识论"，还需要进一步研究才能得出结论。

（三）人工智能不能成为道德主体

随着科技飞速发展，人工智能也实现了高速的发展，而将其投入社会实践虽然可以深刻指进世界的发展，但其与人的关系问题也成为人类需要解决的一大问题。其中一个重要的问题就是人工智能能否等同于人类智能。

道德作为意识形态，是由社会生活中的物质条件所决定的，作为上层建筑，则是由一定时期社会经济关系所决定的。马克思主义认

---

① 梅特里．人是机器［M］．顾寿观，译．北京：商务印书馆，2017：65.

为："道德是以准则、规范表现出来的协调人们相互关系的形式。"① 当前世界科技水平不断进步和发展，人工智能与哲学产生了更加紧密的联系。

人作为社会关系和社会生活的主体，与自然界中其他生物有着比较大的差异。人所特有的是道德，其他自然界中的生物不具备道德。人之所以能够在社会关系中确立主体地位，主要就是因为人在满足自身需求过程中采取的是主动的方式，这也是人区别于其他生物的本质特征。人在社会生活中对于满足自身的生活所需是非常主动积极的，在几千年的发展史上，人类一直致力于从自然界寻求物质以满足自身的需求，这是其他生物所不具备的能力。也就是说，人之所以能成为区别于其他生物的人，成为道德的主体，就是因为人类具有劳动的能力，能够通过劳动获取生活所需的物质。人可以利用自然物资创造自己的生活所需。从这段话可以看出，人工智能不具备作为道德主体的条件。人工智能并不具备通过劳动获得生活需求资源的能力，也不会主动积极地去寻求生活资料。说到底，人工智能是人类智能发展的产物，若是没有人类的智能，就不会产生人工智能，而人工智能的产生也进一步体现了人类智能的重要性。

意识是否只存在于人脑中？对这个问题，研究者分为两个派别。其中一派认为，意识必须存在于生物体内。他们的主要研究角度集中在生物学领域，想要证明只有生物的大脑才存在意识。另一派的科学家则主张，意识也存在于计算机技术中，他们将人工智能设备也认作意识的载体。具有强大技术支撑的人工智能产品是可以通过图灵测试的，但意识是否存在于人工智能产品之内，还有待商讨。在笛卡儿的理念中，意识与物质客观存在是不同的，意识是一个整体，而物质客观存在则是众多物质组成的。接着他进一步提出，人类的存在体现出了客观物质世界与意识的结合，整体意识存在于分散的人类肉体中。他认为尚无法对人工智能的属性进行定义，人工智能产品还不能被认定是具有意识的客观物质存在。②

---

① 俞吾金.重新理解马克思[M].北京：北京师范大学出版社，2022：24.
② 笛卡儿.第一哲学沉思集[M].庞景仁，译.北京：商务印书馆，1986：56.

　　有相当一部分的研究人员认为，事物是否能够成为道德主体需要看其是否具有意识、思考能力以及能否进行自主判断。在 20 世纪 30 年代，图灵针对人工智能的思考能力进行了测试，这场测试被后人称为"图灵测试"。图灵的测试中包含了人类、人工智能产品和"你"三种角色。"你"在测试中扮演交流和提问的角色，可以通过打印设备与人类和人工智能产品进行交流。"你"通过一些问题来判断回答问题的是人类还是人工智能产品。若是"你"能够正确识别出回答问题的是人类还是人工智能产品，就意味着人工智能产品不能通过测试，不具备思考能力。

　　霍布斯把世界看作由因果链组成的大机器。世界上只有物体存在，而物体由因果关系连接为整体。世界上的物体可以分为两个大的类别：自然物体和人工物体。每一精神活动所具有的意向性，即超越性，都指向实际事物的特性。

　　支持图灵研究的这一派科学家认为，图灵的测试可以充分证明人工智能产品具备思考事物的能力，并且作为客观世界中真实存在的一种事物，其是具备智能和灵魂的。他们认为人并不是肉体和灵魂的结合产物，而是利用肉体来达到一定的目的。另一派反对的科学家则认为，即使人工智能通过了测试，也并不意味着其具备思考问题的能力，其仅仅是将人类在程序中设定好的答案输出出来，并不具备思维和意识。他们认为灵魂是潜在的具有生命特征的自然形体的形式。灵魂由什么构成？如果机器有了灵魂，那么与心理药物相对应的是什么？持反对意见的人还认为，人工智能是人类创造出来的事物，并不具备人性，那些所谓的人工智能的思考行为仅仅是对人类思维能力和过程的模拟，不能算作真正的思考过程。

（四）确立人工智能道德接受者的地位

　　生物伦理学领域就人与人工智能的关系提出了扩大道德圈的相关主张，这也成为解决当下人工智能与人的关系问题的一种新的积极方式。

首先，应当放宽道德体系准入标准。扩大道德圈的范围，让人工智能进入人类现有的道德和伦理系统，这并不意味着承认人工智能的思考能力和意识，而是将主要的目光集中在道德利益上。边沁主义认为，人性主要体现为对个人利益的追求，人在追求个人利益的同时也能促进社会的发展。人类作为社会中的道德主体，不能仅仅具备识别其他非人类领域的能力，也不能仅仅关注个人的利益和发展问题，作为道德主体的人类应该要扩大道德圈，将非人类领域的一些事物也收入其中。

其次，将人工智能及其产品定位为道德接受方。人作为道德行为主体会有一些道德方面的行为，而将人工智能理解为人的道德行为的接受方会更加适合。当前需要更好地解决道德主体等问题，还需要理清人与人工智能产物的本质区别。

人与人工智能产物的本质区别有四点：

第一点，人与人工智能的载体不同。人脑作为人类智能的载体，是中枢神经与神经元组成的网络化组织。人类的意识产生于大脑，在生物层面是中枢神经与神经元相互作用处理信息的过程，在心理层面是对外部世界的反射。

人工智能产品由人类借助自然界物质通过一定的流程和工艺制造的各种零件组成，人类为其设置了一定的程序，使其通过能源的消耗来运行，并使其可以模拟人类的思考过程。

第二点，人与人工智能的提升途径不同。人类智能的进化不仅需要生物层面上人脑的进化发展，也需要实践中根据社会文化风俗环境进行的调整。人类智能的进化过程也在一定程度上反映出了生物和社会方面的进化过程。人工智能进步的过程反映出了人类社会对物质运用的优化以及对人类生存环境的改善。人工智能要实现进步和发展就必须以人类的进步和发展为基础，与人类社会中的伦理道德和风俗习惯等并没有直接的联系。

第三点，人的变通性与人工智能存在本质的不同。人类的思维能力既包括抽象思维能力，也包括具象思维能力，人类的思考能力是能够在积累中螺旋上升的，同时也可以进行变通，容纳错误。人工智能虽然可以通过模仿人类的思维过程解决问题，但其并不具备容错和变通的特性。

第四点，人与人工智能为主客体关系。人在认识实践过程中处于主体地位，人工智能处于客体地位，两者共同促使人类社会不断发展。科技发展带动人工智能水平提升，而人工智能水平的提升又为社会发展提供助力。

基于以上四点可以总结出，人与人工智能存在本质的区别。但是，人工智能是否可以超越人类？又该如何定义人与人工智能之间的关系呢？

第一点，从量变与质变的关系角度考虑，量变积累到一定程度会引起质变。人工智能从萌芽阶段到现在覆盖人类生活方方面面，经历了一个量变积累的过程。从初级人工智能仅仅能完成简单的操作，到现在人工智能可以模拟人脑进行思维判断，也是一种量变积累的过程。但是，人工智能由量变飞跃到质变的过程还未结束，未来会产生怎样的质变也无法估计。人工智能虽然可以在知识总量上超越个体人类，但是人工智能不可能具有人脑那样的灵活性和学习能力，即人工智能可以在知识备量上超越人类，但无法实现机器到人脑的飞跃。

第二点，人工智能是被人创造出来的，用于服务于人的机器。人类由于自身力量的限制，创造出了比自身力量大很多倍的运输机器，用于完成自身无法或很难完成的工作。人类由于自身运动速度的限制，创造出了比人类运行速度快很多倍的汽车、飞机用以代步。人类由于知识传播范围的限制，创造出了帮助人类传播信息的工具。人类由于自身发展的需要，创造出了人工智能。但是，被人类创造出来的物体是否是一个超越于人的存在呢？现在科学家更倾向于认为机器是人类能力的延伸，人工智能也不例外。人工智能在很多方面超越人类极限，但其本身也只是人类力量的延伸。

第三点，人工智能的生存和发展对人类社会的发展具有依赖性，尤其是在硬件方面，人工智能不能脱离人类而独立存在，同时其在智能方面也依赖于人类。只有人类社会的经济和科技水平不断发展提升，才能够促进人工智能的发展，当前的人工智能及相关产品还不具备完善和提升自己的能力。人类在极端情况下，如缺氧、高压或高温等情况下，是无法生存的。人工智能的生存也依赖于其载体，在高温、高压、断电等情况下，人工智能的硬件会受到致命破坏，人工智能载体也将不复存在。我们可以得出结论，人工智能依靠人类，并且有其本身无法避免的致命缺点，所以人工智能在超越人类的道路上，还有很长一段路要走。

第四点，感情是人类区别于其他物种的一个重要特征，当前人工智能产品还无法产生感情。生物学家在研究人类智能问题的过程中，发现人类感情也是其智能中的重要组成部分，并且感情还会促进人类智能进步和发展。当前的人工智能还处于对人类思考过程进行模仿的阶段，其具备模仿人类思考活动的能力，但并不具备情感能力，因此也就无法通过情感提升智能水平。人工智能的智能水平依然需要人类去提升，同时由于其尚不具备情感能力，所以其还存在超越人类的可能性。

四、人工智能在应用中存在的伦理道德问题

（一）人工智能违背公平正义原则

人工智能应用于医疗领域是人与人工智能协调合作工作的重要成果，但在应用过程中不可避免出现了一些伦理相关的问题，其中首先需要关注的是人工智能违背了道德伦理中的公平正义原则。

随着人工智能产品的普及，其在医疗领域也有了影响力，可能出现以下两个方面的问题。其一，医学专家与科学家联合开发系统，医生运用系统对病人进行诊治，若是在治疗的过程中出现了医疗问题，责任属于哪一方？其二，人工智能产品与医生共同进行诊治，若是在手术等工作环节出现问题，是否需要人工智能产品承担一定的责任？医生是否需要负责任？对于负面情况的解决，人们需要从两个方面去考虑。一方面需要严格规范使用人工智能产品的人员的行为，要求其必须严格按照说明书上的程序进行使用，减少因操作不当产生的问题。另一方面则要从人工智能的源头进行管理，对研发的人工智能产品进行检测，且在实践中一旦发现问题要及时纠正。

从上面所述内容来看，首先，在人工智能产生及投入到具体医疗领域使用的过程中，若是让医生承担全部的医疗责任，则不符合公正公平的原则，因此需要让人工智能的开发者也承担一定的责任。其次，人工智能投入到医疗中产生的效益和利益，不应该全部分配给开发者，也要分配给使用人工智能产品的医生一些。

健康护理机器人在设计之初充分考虑了使用对象的情况，对于不同的使用人员采用的是不同的程序。但是针对全体的使用者，健康护理机器人都是以照顾好使用对象为主要目的，其在护理使用者的时候会努力使使用者获得好感，并且会重视提升使用者的使用体验感。由于健康护理机器人与护理对象朝夕相处、互相依赖，有人觉得若是二者之间产生了感情，就会导致一些不必要的问题。不过这个问题目前来说不用担心，因为当前的人工智能产品还不具备情感能力，主要问题在于人类对机器人的依赖，以及人类在恢复健康之后与其他人的相处。

从辩证唯物主义的角度来看：意识是物质世界在人脑中的反映，意识活动离不开高度发达的人体器官——人脑的作用。然而，电脑出现了，随之而来的还有人工智能，其具备模仿人脑思考的功能。医疗领域的人工智能产品是否具有识别人类情绪和对其情绪做出反应能力的功能呢？实践中发现，机器人不具备感知人类喜怒哀乐等情绪的能力。但是众所周知，良好的情绪体验有助于病人病情的康复。为了让病人的病情得到有效的控制，在制作医疗类机器人的同时是否就要将其对人类不同情绪的反应考虑进去？是否应该为人工智能添加产生正面情绪的能力？是否应该将机器人的外形设计得与人类相似，以提高病人对人工智能的接受度？

人工智能产品简单解释就是人类通过一定的科学和技术手段产生出来的机器。人工智能产物与人具有高度相似性和智能性，可以替代人完成工作。专家指的是在某一领域具有较高造诣的学者，其专业知识、实践经验和理论技术等都非常强，其分析问题和解决问题的能力也远高于普通人。当前对专家系统进行定义主要是将其视为一种模拟人类专家解决专业领域问题的计算机程序系统。专家系统是根据现有知识和资料库通过一定的运算方式得到问题答案的系统，需要一些人在前期进行资料和知识的整理和收集，在使用的过程中也需要人员对知识系统进行更新，可见，这也是一种人机协调合作的系统。

医疗方面的研发和应用在人工智能总体发展方面占了很重要的一部分，主要以健康护理系统和医学专家系统为代表。人工智能具备模拟人脑思考的功能，利用相关人工智能设备，医生可以更好地分析和诊断一些复杂的病例，对于复杂病例的解决有一定的价值。1959年医学专家系统出现了，美国医生将其运用到了诊断肺癌的医学实践中。随着医学水平和人工智能水平的不断发展，人工智能被更广泛地运用到了医疗的各个领域，相关系统中的病例与症状也不断被丰富。2013年，美国的"沃森医生"正式被用于对癌症进行确诊和提出治疗方案，"沃森医生"是一款医学专家系统的人工智能产品。"沃森医生"的运作分为以下几个步骤：第一步，建立数据库；第二步，根据病例症状在数据库中进行搜索，并形成初步的总结；第三步，初步总结推理出合理的病情论断；第四步，根据病人的既往病史将初步论断优化整合；第五步，得出合理的病情论断。用于医学的专家系统已取得了长足的发展，并产生了大量的成果。1972年，"急性腹痛鉴别诊断系统"被生产出来，1976年，"传染性疾病鉴别诊断系统"诞生。"传染性疾病鉴别诊断系统"可对通过血液进行传播的传染病进行判断并提供初步诊断。经实践证明，"传染性疾病鉴别诊断系统"在传染病方面的诊断能力已远远超过该领域的专家。20世纪80年代，人工智能正式进入我国的中医领域，中医领域的人工智能系统也已经得到了开发，该类型的医学专家系统可以提供中医方面的病例诊断。随着医疗专家系统的不断研究开发，未来医学水平将显著提高。将医学专家系统应用于医学图像处理领域，其成果也颇为丰富，涉及大部分医疗用图像类型。医学专家系统的图像处理技术可以帮助医生分析病人从头到脚几乎身体各个部位的医学图像。

（二）人工智能违背公众利益优先原则

人工智能在生产和使用的过程中应该要坚持个人利益服从公众利

益的要求，要坚持公众的根本利益优先，也就是要将社会大众的公共利益放在最高的地位，以此维护社会的公平和正义。人工智能应用中会出现多元的利益主体。在人工智能产品投入使用的过程中，由于每一个利益主体所在的角度不同，所以不同的利益主体之间就会发生冲突，此时就要坚持公众利益优先。将人工智能产品投入到教育领域，是人工智能发展过程中的又一个重大性突破。但是，研发人员在生产和使用的过程中，需要重视社会教育的公正和公平，要以不损害社会公众的利益为前提，但实际当中，很多人都难以切实做到，如有的开发者为了延长使用者的使用时间，而不设计防沉迷机制；一些部门开发人员为了个人利益的获取，在人工智能教育类产品中加入能够产生利益的内容，给使用者造成了危害，使其接受的知识不够全面。由此可见，人工智能在应用中违背公众利益优先原则的现象是比较普遍的。

人工智能中的专家系统同样被投入了教育领域。应用于教育的专家系统分为两部分。第一部分专家系统主要用于编辑教学内容，并通过人工智能技术，合理安排教学进度，形成每节课的教案。另一部分专家系统则主要收集学习者的学习情况，分析教学效果，并输出教学改进方案。用于教学的专家系统，可以根据课程资料来搜索与之相关的学生的学习情况，并制订适用于个人的个性课程。专家系统在学生学习时，会根据学生对知识的掌握情况，来选择推送相关资料；系统会在教学过程中根据学生的实际情况，不断改变教学内容的形式，目的是帮助学生更容易理解和接受知识；专家系统在授课完成后，还会将授课情况纳入数据库中进行存储，以给未来的教学提供参考和帮助。人工智能专家系统与人相比，优势在于拥有强大的数据库支撑，可以对教学内容进行全面整合安排。当前人工智能在教育方面的运用主要集中于大学，少部分运用于针对特殊学生群体的辅助教学中。但在人工智能实际应用过程中，人们不得不面对日趋严重的道德伦理问题。试想一下以下场景中会出现的某些有关伦理道德的问题：开发者为了延长使用者的使用时间，而不设计防沉迷机制。人工智能应用于人机交互的教学过程中，学生可能会对人工智能产生依赖等情感，而一旦人工智能损坏，学生就可能会产生厌学、厌世等心理。人工智能应用于教学当中，由于本身的趣味性和长期单一的人机交互形式，很可能使学生对其产生依赖情感。为了使上述问题得以解决，人工智能相关设计者就要加强对以下面两个方面的关注。一方面，相关研发人员在设计的初期就要重视加入防沉迷系统。人工智能设计者应当尽力在风险发生之前就有所预料，防止学生使用后产生不良结果。同时，人工智能设计者应该了解学生的心理特点，并针对其心理特点制定有效的解决方法。人工智能技术本身并无对错，但在实际使用过程中，由于使用人的不同，或许会产生不同的影响。所以研发者应当防患于未然，采取措施防止不良影响的产生。另一方面，由于使用人工智能的学习者年龄较小，其本身并没有很强的定力，所以对人工智能产生依赖的情况屡见不鲜。相关教师和学生家长要对上述情况有足够的重视，不能让学生对人工智能设备产生依赖心理。

若人工智能产品仅仅收入能够谋取私利的内容，会导致学习者接受信息不全面，不利于全人类的进步和发展。人工智能在收集整理教学内容的时候，可能会给学生带来认知偏差。为了解决这个问题，人们应当从两方面进行思考。第一个方面，在人工智能程序中加入搜索功能，让使用者自己寻找更全面的内容。第二个方面，人工智能与人类教师共同协作教学的情况下，人类教师应当对人工智能的教学内容进行检测，拓展知识点。

部分使用教学人工智能的人员可能会受到利益支配，从而对一些独家的内容进行非法传播。这种情况非常容易滋生盗版行为，同时这种行为也会伤害作为开发者的利益。为了解决这个问题，人们应该从以下两方面进行思考。第一个方面，加强人工智能设备的防御能力，及时安装杀毒软件和防火墙，减少外来入侵的可能性。第二个方面，人工智能的使用者为了防止信息盗版，可以对人工智能内的隐私信息进行加密处理。第三个方面，人工智能在连接网络时，尽量选取安全可信赖的网络。

（三）人工智能违背科学原则

所谓科学原则，指科学应当确保知识的无误性，并确保科学技术应用于实践中的产物受科学指导。科学原则在实践过程中致力于约束科学工作者的行为，同时致力于约束技术应用于实践的准确性。人工智能技术是一种负载价值的技术，其开发和使用更应该坚持科学原则。但是在现实中由于种种利益的诱惑，往往存在人工智能违背科学原则的问题。

人工智能的开发者和使用者为了谋取个人利益而滥用产品，也会产生负面后果。在农业生产中，人工智能开发者受利益驱动，使用人体承受范围之外的农药，而使用者不顾人工智能分析的结果，在有毒或有害环境下种植农作物等，都是为了谋取个人利益做出的违背道德的事情。

人工智能"是对复杂信息处理问题的研究，弱人工智能根本没有意向状态，它只是受电路和程序支配简单地来回运动而已"[①]。弱人工智能仅是在某一方面的能力比人类更强，是在某一特定的领域，利用算法和大量数据来做出比人更精确的判断，来创造价值、提升效率，使人类不必做单纯重复性的工作。

应用于农业领域的农业专家系统主要采用人工神经网络技术。人工神经网络技术（artificial neural network），简称 ANN，是由大量处理单元广泛互联而组成的网络，是对人脑的抽象、简化和模拟，反映人脑的基本特征，人工神经网络最重要的特征就是其学习能力。农业专家系统主要应用于农业生产产前准备和生产中两个阶段，通过采集的数据进行科学分析，并输出推理结果以帮助生产者制定生产计划。农业专家系统应用于产前准备主要包括对土壤进行检测、对周边水质进行评估、对当地气候进行预测和对农作物种子进行筛选。在产前阶段对土壤和河流进行检测，可以根据数据综合预防自然灾害，保证农作物生长过程中周边可提供充足水源，同时可以根据土壤检测结果播

---

① 玛格丽特·博登.人工智能哲学 [M].刘西瑞，王汉椅，译.上海：上海译文出版社，2005：82-83.

种适合的植物类型。人工智能给予农业生产产前准备支持，并为后续的农业生产环节提供有力的保障。农业专家系统应用于生产阶段，主要包括插秧、施肥、除草、灌溉和采摘等。

人工智能应用于农业领域后，已快速提高了农业各个生产环节的效率，并为传统农业注入了信息化和智能化的"新细胞"。但是目前应用于农业领域的人工智能技术还有待提高，且随着时间推移，不足之处逐渐显露了出来。

第一点是人工智能技术应用于农业领域后，可以给出推理结果，但可能由于错误判断或者其使用者受利益诱惑而产生不良后果。

第二点是人工智能在运输、存储和再次深加工环节能够减轻人类的劳动量，但由于人工智能技术并不完善等原因，需要人类协同合作。在人与人工智能合作过程中，机器伤人等恶劣事件很可能出现。

第三点是人工智能技术本身还在等待完善阶段。人工智能的判断能力与人类相似，但终究不是人。应用于农业领域的人工智能以机器的形式协助人类作业，但目前只是在试点中进行，距离全面推行农业人工智能化还有一段距离。应用于农业人工智能领域的专家系统尚处于初级阶段，为了应对农业生产实际中的多种情况，对专家系统的研究任重而道远。应用于农业的人工智能所需的硬件设施是保证农业人工智能化的关键，需要进一步完善。

（四）人工智能应用中违反善的原则

康德认为，善良意志是道德的基本法则，人的行为及其结果都由善恶选择所决定。[①] 无论是人工智能产品的开发者还是其使用者，都应当具备善良意志，将善当作基本的选择。对于应用于军事领域的人工智能，从开发者角度来看，有些战争机器的设计只为提升作战能力，从而加剧了战争爆发的频率；从使用者的角度看，将杀人的罪恶感转移到战争机器身上，以求得解脱，违背了善的原则。

罗尔斯认为，只有知道了各方的信仰和利益，知道了他们之间的

---

① 王婷.康德哲学中的人格概念研究 [D].兰州：兰州大学，2022.

相互关系，他们将要做出的取舍，合理决定的问题才有明确的答案。[①]
战争中，人工智能产品的使用者也应当权衡各方利益后，做出明确的
抉择。

　　人工智能应用于军事领域是人工智能应用中的一大分支。"21
世纪结束之前，人类将不再是地球上最有智慧或最有能力的生命实
体。"[②] 在军事领域人工智能的应用主要是一种模仿人类思维与行为方
式的机器。军用机器人适用范围广泛，可分为地面机器人、空中机器
人、水下机器人和空间机器人。地面机器人即智能或者可遥控操作的
轮式或者履带式的车辆，可分为自主车辆和半自主车辆。自主车辆可
根据自身携带的智能设备来躲避障碍物并完成任务，半自主车辆需要
人类协调工作，即给机器下达使命以帮助其完成任务。空中机器人即
无人机。水下机器人即水下潜水器，分为需要人类操作和不需要人类
操作两种。空间机器人即在太空中完成人类设定好的任务的飞行器，
其自主程度较高，需要自主导航并规划行进轨道。当前，世界各国都
在研究人工智能与军事领域相结合的新型机器。简单的应用人工智能
技术的机器已用于战争中，但随着科技的进步，配备新型人工智能技
术的机器在未来战争中将大放异彩。美国一位科学家曾经预言：到
2030 年，机器的能力将会发展到这样的程度，在一个庞大的系统和控
制过程中，人类将成为最薄弱的组成部分。下面来简单介绍一下应用
于军事领域的人工智能的发展历程和主要成果。以实际应用为目的的
机器人研究始于 20 世纪 40 年代，直至 20 世纪 60 年代，各国争先恐
后研究机器人技术，实用机器人的研究才走向高潮。1966 年，美国研
制出一种水下机器人，取名为"科沃"。使"科沃"名声大振的事件
是其潜入海底并成功捞取一枚氢弹。人工智能应用于军事领域的价值
通过"科沃"得以初步体现。之后的时间里，军用机器人的研究进入
井喷阶段，取得不少成果，如航天机器人、无人驾驶机器人、作业于
极端环境下的机器人等。直至 1969 年，美国在越南战争中使用地面

①　罗尔斯.正义论 [M].北京：中国社会科学出版社，2001：66.
②　雷·库兹韦尔.灵魂机器的时代：当计算机超过人类智能时 [M].上海：上海译文
出版社，2006：56.

机器人进行排险工作，运用于战争的机器人才算是正式进入真正的战场。但是由于用于战争的机器人能力单一，且单价昂贵，战争机器人在当时并未大规模投入战争。到了20世纪七八十年代，人工智能技术有了长足的进步，用于军事的机器人才具有更高的协调运动能力和类似于人脑的接收、判断能力。

人工智能应用于军事领域面临很多挑战，第一点是对人性善恶的考验。有数据表明，战争中的士兵并不愿意向敌人开火，人性之中并不愿意产生杀戮行为，如果必须开火，很多士兵选择向敌人头顶放枪或打击敌人不致命的身体部位。大多数士兵由于人性中善良的一面，会恐惧开火后产生的后果。但人工智能并不具备人类那样对善恶的判断能力，用于军事领域的人工智能产品会在战争中产生巨大的破坏力。人工智能没有开火的恐惧感，也不背负人员伤亡后的道德内疚感，会对设定好的目标毫不留情地进行打击。人工智能应用于真正的战争会提升军事效率，但与人性的冲突却是无法避免的。第二点是战争可能变得更频繁。人工智能应用于军事领域后，战争效率提高，人员投入成本减少，清除目标的成功率提升，这些都可以成为人类轻易发动战争的理由。第三点是无法确保人工智能是被应用于正义的一方。随着人工智能的发展，人工智能的军事产品更有可能在价格上廉价化，为大部分人所能接受、拥有。一旦人工智能军事产品应用于不正义的一方，对人类整体的潜在威胁和破坏程度都是无法想象的。

人工智能应用于军事领域后，其为世界和平发展所做的贡献是不言而喻的。但是，人工智能应用于军事领域所取得的成果，因为用途的不同，造成的结果也是喜忧参半。值得一提的是，技术的快速进步与伦理道德之间的矛盾，使技术与伦理道德的关系进入了困境。一方面，技术的进步经常会造成伦理道德与技术的脱节；另一方面，技术止步不前又会导致人类社会进步进程缓慢。由此可见，应该禁止的是与人类本性相异的技术及其应用，而对于大多数技术的进步行为，人们只需要确立好技术与伦理道德之间的关系。

目前，通过道德或法律约束人工智能成果的设计与应用是十分必要的。制定道德或法律之时，我们必须考虑以下几个方面。第一个需要考虑的方面是开发设计中对研发人员的约束。研发人员应对产品研制初衷和产品应用后产生的结果负责。第二个需要考虑的方面，是人机共同协作的人工智能产品发生如在战场上误杀平民的恶劣事件，谁来承担责任？第三个需要考虑的方面是随着人工智能技术的进步，研制出不需要人类参与协作的机器只是时间问题。那么，机器是否具有自主决定权？在伦理道德上具有自主决定权的机器该如何定义其身份？人类又如何与具有自主决定权的机器相处？

五、人工智能体成为道德主体的原因分析

（一）人工智能使用违背公平正义原则导致的伦理问题

在当下社会的价值观下，公平和公正的问题是一个普世性的原则问题，这一原则也受到了社会各界广泛的认可。若是人工智能的使用者在使用的过程中导致了人工智能的伤人问题而将全部的责任交由人工智能的开发者，这也就违背了公平和公正的原则。

近年来，人工智能产品已应用于各种场合并普遍为人类所接受。但在人工智能产品与人类协调工作的实践中，人工智能产品并不都产生正面影响。恩格斯说：不管自然科学家采取什么样的态度，他们还是得受哲学的支配。人工智能的未来，机器与人的关系，归根结底在于人类自身，机器是由人类设计的，机器的使用，对社会的影响主要还是在于设计和制造机器的人。

近年来，人工智能产品伤人事件屡见不鲜。部分伤人事件是由于开发人员在设计之初，考虑的并不全面或者未遵守相关的规则。研发人员不遵守已有的伦理道德和法律，是人工智能问题非伦理道德的表现。归根结底，人工智能的伤人事件，应当追究的是研发人员的非道德表现（设计缺陷和推卸责任）。

例如，在1978年9月，日本发生了机器人伤人事件，广岛一工厂的机器人在切割钢板的时候造成了一名工人的死亡。1979年1月，

美国密歇根州的福特工厂内工业机器人手臂击中一名工人，造成该工人死亡。1981年7月，日本川崎重工业公司中的一名工人错误启动工厂中的机器，导致该工人被机器残忍杀害。1982年5月，日本山梨县一台正在维修中的机器突然启动，将维修工人卷入机器造成悲剧。1982年，一名女工在测试机器时候，手臂被机器绞断。事后科学家对该事件进行调查分析，推测造成悲剧的原因或许是机器人内置的超级电脑受到外界干扰产生故障，导致产生的电流被释放于金属棋盘上。随着人类对人工智能技术的研究和应用，也不得不面对其产生的各种问题。为此，世界各地的人工智能研究者也在积极寻求解决之道。

作为人类智能延伸的人工智能，其技术本身并无过错。人工智能在应用过程中产生的恶性事件（例如伤人事件），是因为在人工智能产品使用的时候，使用人员存在失误的结果。

（二）使用者违背公众利益优先原则导致的伦理问题

人工智能伦理中所包含的公众利益优先原则是为了解决人工智能开发人员的个人利益与公众利益的。作为人工智能的开发人员，要重视公众的利益，一定要把公众利益放在最高地位。

何怀宏认为，"一个人，作为社会的一个成员，不管在自己的一生中怀抱什么样的个人或社会理想，追求什么样的价值目标，有一些基本的行为准则和规范是无论如何都要遵守的。否则，社会就可能崩溃。"①

在人工智能出现的违背公众利益优先原则的问题中，例如出现因为开发者为谋取一己私利，将人工智能教学内容利益化导致公众知识结构不全；为了延长使用者使用产品的时间而不设计防沉迷系统，导致使用者身体和心理受损；为了提升军队战斗能力，设计的武器杀伤力巨大，不设置区分平民与敌人机制进行全面打击，导致人类整体利益受到伤害。以上例子中的开发者，都是违背了公众利益优先原则。

---

① 何怀宏.底线伦理[M].沈阳：辽宁人民出版社，1998：5.

第五章　人工智能伦理困境的应对策略

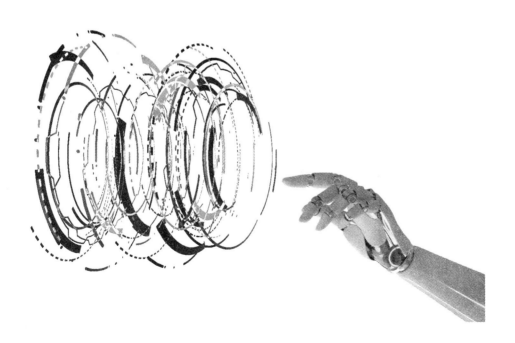

一、研发层面的应对策略

（一）用"以人为本"的科学发展观指导人工智能发展

"追求技术的高端并非是人类科研活动的最终目的，科研活动的最终目标是更好地服务人类，为人类的发展做出贡献。"[1] 人工智能是人类创造的，其主要的任务在于服务人类及促进人类社会发展，提升使用者的生活品质。人工智能主要通过开发者制定的系统模仿人类的思考过程，基于一定信息设计最优的解决方案，帮助人类更好地生活。因此，人工智能很大程度上是对人类触角的延伸，能够满足人们对安全、健康、便利和愉悦更高的要求。在人工智能科学发展过程中，不管是开发者还是使用者都要准确认识到人工智能发展的首要准则："以人为本"的科学发展观。

"以人为本"的科学发展观应用到人工智能产品开发领域，笔者认为需注意以下三个要求：第一，人工智能的发展必须以保障人的安全为前提。1978 年 9 月 6 日，日本一家工厂的切割机器人出现故障，在切割钢板时误将一名工人当成了钢板，这成为当时轰动一时的"机器人杀人事件"。最后专家认为，事故的原因可以归结为软件系统故障。这一事件在当时引起了大范围的民众恐慌，也引起了人们对使用机器时的安全问题的思考。任何科技发展都必须保障人的安全，人工智能系统具有复杂和高智能化特征，因此更应全面地保证人的安全。第二，人工智能发展要以保护人的尊严和权利为核心。任何人工智能都必须尊重和严格执行操作人下达的指令，人类在人工智能面前的主

---

① 　林德洪 . 科技哲学十五讲 [M]. 北京：北京大学出版社，2004：280.

体性地位不可动摇。科幻小说家阿西莫夫提出了机器人三大定律：第一，机器人在不伤害人类的前提下，要严格遵循人类的命令。第二，人工智能的发展在不侵害人类利益的前提之下，必须确保人应享有的权利和尊严不被侵犯。第三，人工智能的发展要以保持人类社会的健康发展为目标。人工智能的快速发展使人类以前许多繁杂的工作都变得很轻松，如智能联想输入法让人类的打字时间大大缩短，因而很多青年人都更加倾向于使用电脑打字，但这也导致很多青年人开始"提笔忘字"，书写能力逐步退化。为了避免类似现象出现，人类必须确保人工智能发展不能以削弱人类自身的能力为代价。比如，人类可以对人工智能的研发领域进行限制，使人工智能只能用于辅助简单工作，禁止其进行大范围的人际、决策工作。人机合作的初衷是提高工作效率，而一些需要创造性思维的工作还是要由人自己完成，这样就可以保证人的能力不会因机器的"代工"而减弱，从而保证人类社会的健康发展。人工智能发展的目的始终都是为人服务。只有把握好"以人为本"的宗旨，才能促使人工智能向善的方向发展。

（二）让程序语言融入哲学思想

当前人工智能发展速度非常之快，其给人类带来的影响是以积极为主还是以消极为主这取决于人类。若是人类不重视对机器人进行的合理管理，就会给人类带来毁灭性的打击。如果技术没有得到良好的运用，不仅无法给人类的生活带来便利，而且还会增加人类的生活风险。这种风险通常有两种情况：首先是机器人控制整个地球，对人类进行屠杀；其次是一些不法分子控制机器人杀手。所以为了减少风险，人类需要加强对机器人的控制。一些研究者提出，如果不对机器人的使用者进行甄选，可能出现以下情况：好人和坏人都可以使用机器人，增加机器人使用风险，而如果再不进行有效遏制，那么后果不堪设想。① 同时，随着智能化技术的不断发展，一些研究者试图将人脑

---

① 李桂花. 科技的人化——对人与科技关系的哲学反思 [M]. 长春：吉林人民出版社，2004：210.

和机器人结合起来，简单来说就是把芯片植入人脑。随着植入芯片的不断高阶化，人脑与芯片互相支持，谁主谁从就很难说了。这条路对于人工智能的发展可能是条捷径，但也极具风险，伴随着一系列的问题：谁起主导作用？谁接受控制？这一技术堪比洗脑，如果是将好的思想植入人脑还好说，如果将负面程序植入人脑，可能会带来灾难性的破坏。

对于技术滥用问题，我们可借由科学家道德素养和法律来解决。针对技术缺陷造成的风险，我们需要从目前的人工智能底层技术做起，弥补技术运用上的漏洞，而其中最重要的是计算机语言程序的完善。现阶段的计算机语言在输入上还存在局限性，主要是机械地输入各种指令，没有思想，这就显得机器人在各个方面都比较生硬。所以我们需要在进行人工智能技术研发的过程中不断更新编程语言，在程序语言中融入哲学思想。未来人工智能领域的主要研究方向是，让程序语言融合哲学思想，使机器人更加有思想、有个性，让其在满足人类个性化需求的同时更加有尊严。

（三）构建人工智能技术伦理标准

随着现代科学与社会的联系日益紧密，一些在科学应用方面的负面效应逐渐显著，科学研究早已不再纯粹是客观中立的认知活动，而逐渐与社会伦理学建立起了紧密的联系，科学研究的伦理性特征日益显著。[①] 在人工智能技术发展过程当中，人工智能伦理标准的建立刻不容缓。

第一，客观公正性标准。在人工智能的传播和应用上，应该强调客观公正性。人工智能的发展要具有公正性，保证科学知识和信念得到公正的传播和使用。对于人工智能，目前大多数民众不甚了解，甚至有些媒体为了博人眼球夸夸其谈，导致错误的舆论发酵，加深了民众对人工智能的误解。这种现象产生的根本原因在于，人工智能在传播和应用过程当中，没有建立起一套客观公正的伦理准则。如果政府

---

① 薛桂波，倪前亮.科学共同体的伦理精神 [J].兰州学刊，2006（11）：14-16.

在宣传过程当中根据相关的客观标准严格予以把控，相信对于人工智能，人们的误解会逐渐减少，进而营造出一种健康有序的人工智能技术研发和应用环境。

第二，公共利益优先准则。人类在进行科学研究的过程当中，必须要以公共利益作为出发点，不能只为了某一集体或者某个部门的私利而不顾社会公共利益。因此，在科学研究过程当中，公共利益是最高准则，也是对科研者的最高要求，如果人类研究的科学技术会危害当代人的利益或者后代人的公共福祉，会影响生态环境的可持续发展，则该项科学研发活动就违背了伦理道德。① 在人工智能发展过程当中，研究者应将人类的利益放在首位，不仅要考虑当代人的利益，而且要考虑对后代人的影响，另外要将人工智能对生态环境产生的影响充分纳入考量范畴，确保任何人工智能活动都不损害公众利益，这样人工智能才能真正健康持续发展。

二、人类自身层面的应对策略

（一）增强科学家的道德责任感

人工智能的发展方向与科学家息息相关，任何新科技的研发都是一把双刃剑，有利有弊。科学家在对人工智能技术进行研发的过程当中，如果出于个人利益而不顾社会整体利益，就会对人类的发展产生负面影响。如果科学家从社会整体利益出发，那么科研成果将会更好地服务于人类，造福后代。爱因斯坦曾经说过："怎么利用科学技术，科学技术带给人们的，究竟是灾难还是幸福，全部取决于人类自身，而不是取决于工具。"② 现代人工智能发展过程当中会产生种种问题很大程度上是由于科学家缺乏道德责任感。在人工智能研发过程当中，有些科学家秉持一种中性的态度，认为科学的发展不应当受到任何道

---

① 刘大椿.科学伦理：从规范研究到价值反思[J].南昌大学学报（人文社会科学版），2001,223（2）：1-10.

② 爱因斯坦文集（第三卷）[M].许文良，译.北京：商务印书馆，1979：74.

德伦理的制约，他们将自己封闭在狭隘的专业领域，对人工智能对外界产生的各种影响充耳不闻。在这种情况下，一些别有用心之人很可能利用人工智能作恶，从而导致人工智能技术被滥用。科学家在进行人工智能研发和生产的全过程中，要对自身的一切行为负责，对一些科技产物进行全面研究和评估，在研发新事物的同时要遵守社会道德规范，维护公众的利益。

就人工智能技术可能带来的消极后果而言，科学家们要从以下三方面做出表率：首先，科学家的预测要比其他任何人所做预测更科学，他们有责任向公众和政界说明这些结果，这是一种社会责任；其次，由于科学家在社会上具有特殊重要性，所以他们可以在一定程度上参与并影响到政治家的决策。因此，科学家们对人工智能的应用要具有一定的社会责任感。最后，当人工智能科研项目对人类有害时，科学家们在一定程度上是有权利退出项目的。知识的力量与相应的责任是成正比的，科学家们拥有改变世界的力量，就应当肩负起推动人类社会健康发展的重大责任。在人工智能发展过程当中，科学家们要增强道德责任感，承担起科研中的道德责任，始终保证人工智能产品的研发为大多数人服务，促使人工智能的发展始终走在向善的道路之上。

（二）提高民众的科学素养，正确认识人工智能

当前人工智能属于世界范围内的先进研究领域。人类在人工智能工作原理、工作机制等方面了解还相对不足。① 很多人对于未知的事物都会产生恐惧心理，从而促进了一系列影视类产品的衍生。如电影《黑客帝国》，影片中的内容改变了人们关于机器人的一贯认识，电影的结局是机器人最终掌握了主动权，但这种结局可能会引起人类的恐慌，使人们担心自己终将被机器人取代地位。尽管这些内容仅是源自科幻电影，但对于不了解人工智能的普通民众而言，就会演变成一

---

① 　王大洲，关士续.技术哲学、技术实践与技术理性[J].哲学研究，2004（11）：55-60.

种恐慌心理，有些民众开始从心底里排斥人工智能。同时，某些媒体为了吸引眼球，会对人工智能进行过于夸张的报道，也会对人工智能发展过程当中出现的一些问题进行过度诠释，误导民众。以上种种会使得人工智能的研发无法得到大众的认可，并在无形当中加剧了人工智能伦理问题的严重程度。但实际上，对于人类发展而言，人工智能的贡献是不言而喻的。人工智能只是计算机技术当中的一个分支，其不论是研发还是应用，始终以服务人类为导向。所以，目前应当通过各种途径来向民众普及人工智能相关知识，提高民众的科学素养，使普罗大众能够正确认识人工智能，从而扭转民众对人工智能的错误印象。在这个过程当中，政府、媒体、科研机构需要共同携手努力。例如，建立更多的人工智能科普阵地，在社区、高校等地定期开展讲座，不断深入开展人工智能科普工作。此外，要充分利用媒体的舆论导向功能，对人工智能技术进行正确宣传，严格打击不符合现实的虚假报道。具体而言，首先要让民众认识到人工智能是一项中性技术，与其他科学技术之间没有任何差别，只要人类在人工智能开发当中融入更多的伦理观念，就能够对一些问题予以避免，民众无须对人工智能感到恐惧。其次，要让民众相信政府和科研学者，进而相信人工智能始终是为了服务人类而存在的，其目的不是取代人，更不是让机器控制人，我们不会允许人工智能"反客为主"的事情发生。最后，新闻媒体等要发挥出其特殊的舆论引导作用，对于一些消息和新闻等要做出理性的判断，对于一些不实的消息坚决不能报道，要重视稳定群众的情绪，对于人工智能要保持客观的宣传态度，以使人工智能为人类造福。

（三）加强人工智能相关国际交流合作

作为一门新兴学科，人工智能还有非常大的发展空间，还有很多难以攻克的难题，成为人工智能研发的瓶颈，这很大程度上缘于各国研发部门之间沟通不足，错过了相互借鉴学习的机会。世界范围内各国人工智能技术研发水平明显不平衡，而这在很大程度上导致解决人工智能问题效率的低下。随着全球化的不断深入，面对人工智能伦理问题，各国要相互合作，共同解决问题。合作共赢是唯一的选择，世界各国科学家携手进行头脑风暴，会对相关问题的解决大有裨益，同时人工智能的研发在各国学者合作交流之下，也会迎来新的发展突破。笔者认为可以通过发起系列科学计划和科学活动的方式，加强国际人工智能的交流合作。例如，交流论坛、学术会议、外籍人工智能青年科学家的培养等途径均值得尝试。

三、制度规范层面的应对策略

（一）制定法律法规来规范人工智能的发展

人工智能飞速发展，引发了一系列的社会问题。但是迄今为止，我国尚未出台任何与人工智能有关的专门性法律法规。仅有的相关规定散见于各种法律文书当中，并且存在着许多的漏洞，没有解决实际问题的能力。事实上，国际上也没有关于人工智能发展的规范法条，这已经引起了世界各国法学家的注意。2018 年 1 月，美国国会就人工智能的发展问题提出了《人工智能未来法案》，众议院和参议院已通过这一法案，它成为世界范围内首部针对人工智能的系统法案。

"无规矩不成方圆"，对于人工智能规范化发展而言，相应的政策法规判定标准都有利于其健康发展。在人工智能产生和发展过程当中，一系列社会问题陆续出现。社会问题的出现给人们的生产和生活带来了巨大的影响，不仅人工智能的优点不能被更好地运用，而且其带来的一些社会化问题还有可能造成恐慌。关于如何缓解，甚至消除在生活和生产过程中使用人工智能的弊端，离不开国家立法和公共政策方面的支持。当前各国都在加紧立法，希望能够通过立法来规范人工智能的研发和运用，让人工智能更好地服务于人类。

（二）科学管理人工智能产品的使用

在人类生活中，人工智能技术应用早已崭露头角。在人类社会发展过程当中，人工智能所扮演的角色越来越重要，对于人类生活的影响作用也越来越显著。但是对人工智能产品不科学、不规范的使用为人类带来了一些潜在的问题。例如，将人工智能专家系统用于医学领域和金融领域，信息一旦更新不准确，或者信息被不法分子所篡改，可能会造成错误诊断，以及金融危机现象的出现。这对人们将是灾难性的结果。所以，科学管理人工智能产品是人类安全高效地对人工智能产品进行使用的基础和前提。

笔者认为，可以通过对人工智能产品进行编号、分类的方式来有效管理人工智能产品的使用。比如，给每一个投入使用的专家系统设定独立的条形码，类似于人们的"身份证"，这样每一次对产品进行维护、维修时都能有效顾及所有专家系统，避免疏忽对专家系统的管理。同时，可以通过限制专家系统的操作员来避免有人恶意利用专家系统，如医学专家系统的条形码可以设计成只允许某些医学专家操作，除去这些医学专家其他人都不具备操作资格。这样不仅可以保障专家系统不被滥用，也可以在专家系统出现问题时有效地追责，人工智能产品出现任何闪失，都可以直接追索到操作负责人。

总而言之，人工智能给人类带来的是积极影响还是消极影响都取决于人类自身的使用。尽可能科学地对人工智能进行使用和管理，定期对产品进行检查维护，将使用的具体责任和义务落实到位，这些都有利于发挥人工智能的积极影响，降低其消极影响。

（三）严格监督人工智能产品的研发和运用

当前，对人工智能技术监管不到位造成了一个很大的社会问题，那就是人工智能面临的社会伦理问题。要想解决这一问题，人类就要从多角度、多方面对人工智能进行监督和制约，同时还要针对人工智能制定详细的规章制度，甚至通过专门的法律来规范它。对于违反规定和法律的责任人，应给予其严厉的处罚。人工智能是一场新兴技术革命，作为一种新型的信息技术，人工智能的信息传递速度非常快，如果被一些别有用心的人利用，将会产生不可估量的危害。因此，从一开始，人类就要时刻警惕这种潜在威胁，要通过一系列的措施来降低或者消除这种风险。具体措施包括以下几方面：

首先，人类在人工智能产品设计之初，就应该遵循人性化理念，确保在设计层面不能存在反人类的因素，同时要使程序简单明了，避免使程序具有伪装性，而最重要的是必须保证其在安全性的基础上，会为人类带来便利，不能对人类社会产生威胁和破坏。

其次，在人工智能产品完成之时，人类应该通过足够的测试来确保其安全性，就像我国研制载人航天飞船那样必须经过无数次的实验，尽可能确保百分之百的成功率后再投入市场，并且设置试用期，在试用期内发生任何问题必须第一时间解决。

最后，在人工智能进入市场之际，生产者要附上一份详细的使用指南，而使用指南上除了要有常规的产品说明、使用注意事项以及使用安装步骤之外，还要有产品的设计者、组装者、出库检查者、安全负责人等信息，以防在产品出现问题的情况下，能够及时地联系到相关责任人，将损失降到最小，确保产品的品质。有了一目了然的生产责任人信息，购买者在消费和使用的过程中会更加放心，进而推动人工智能产品销量的增加。

总体说来，新的科技革命和智能技术发展催生了人工智能，而且在相当长的一段时间内，其会随着人类社会的发展而不断向前发展，人类要在其生产到使用的每一个环节做好监督工作，以此来减少人工智能带来的不良影响，缓解和减少人工智能带来的伦理问题。

智能机器人若被当作工具，则不能有伤害人类的功能，永远不得侵犯人权、人类隐私等法律规定的人类的基本权利。机器人要有非常明显的机器属性，禁止那些伪装性和欺骗性机器人的生产，而且在机器人投入使用前要保证它能够按照预先设定的程序执行任务。另外，必须要让使用机器人的公众提前熟悉机器人的各种功能，包括可能造成的危害等，以切实维护公众的知情权和选择权，减少一些可以避免的麻烦。

第六章　人工智能伦理与传统伦理比较研究

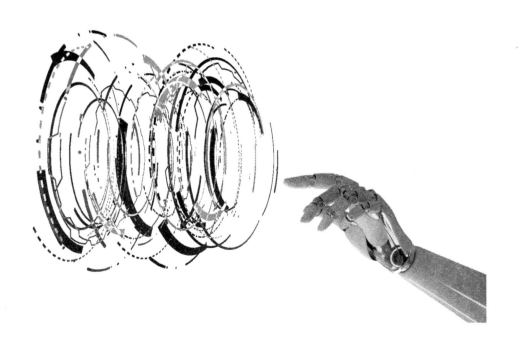

一、人工智能伦理与传统道德

（一）"道德"是否需要重新描述或界定

伴随人工智能所产生的伦理问题，事实上是随着现代技术不断发展所产生的伦理关系的变迁与其秩序的更替。对人工智能伦理关系变迁讨论的前提是对传统道德及其概念进行还原。人工智能发展领域所涉及的道德概念与传统的道德概念不同，且对于道德概念不能用对与错的标准去判断。伦理概念常与道德一同被提到，厘清两者关系十分有必要。学者陈嘉映认为：伦理学从道德善恶维度来探究社会生活。对道德规范与一般社会风俗习惯进行区分时，要查看和观察一般的社会生活以及人们对于社会生活的一般看法。伦理生活与社会生活相互交织。[①]

人们对道德哲学进行论述和理解时，总是认为道德哲学的历史并不甚重要，只把它看成次要或从属的存在。这种对待道德哲学的态度似乎是一种信念的产物，即可以离开历史来对道德概念进行考察和理解。甚至很多哲学家都认为，道德概念是一种永恒的、限定的、不变的以及确定无疑的概念。[②] 同时，许多哲学家认为在整个发展历史中，道德概念始终如一，始终具有同样的特征。道德的概念不仅仅存在于社会生活方式之中，而且构成了社会生活方式的重要部分。我们区别一种社会生活方式与另外一种社会生活方式的重要途径就是了解道德概念之间的差异。黑格尔在《法哲学原理》一书中也对"道德"和"伦理"两个概念做了辩证分析。恩格斯认为"黑格尔的伦理学或关于伦理的

---

① 　陈嘉映.何为良好的生活 [M].上海：上海文艺出版社，2015：5.

② 　麦金太尔.伦理学简史 [M].龚群，译.北京：商务印书馆，2003：35.

学说就是法哲学，其中包括：抽象的法、道德、伦理，而其中又包括家庭、市民、社会、国家。在这里形式是唯心的，内容是现实的，法律、经济、政治的全部领域连同道德都包括进去了。① 黑格尔认为"道德的概念是对它本身的内部关系""伦理性的东西是自由，或是自在地存在的意志"②。

因此人工智能技术进步所带来的伦理变迁，实际上是随着技术发展、社会发展背景下生活方式、日常行为的变化，而产生的伦理规范或道德概念变化。要促使人工智能伦理向前发展，就必须要明确伦理规范的本质特点，并将其放入历史发展之中重新定义、规范。对于长期以来的伦理规范和道德概念，人工智能的出现带来了新的挑战。

尽管有些人试图拯救康德哲学，但实际上却并不简单。因为康德的"绝对命令"在真实社会环境中尚且难以实现，更何况在虚拟的人工智能系统中。康德的"绝对命令"："不论做什么，总应该做到使你的意志所遵循的准则永远同时能够成为一条普遍的立法原理。"③ 通常我们对于行为标准有一些固定的认知，并且认为一套行为标准适用于所有的人。起初，工程师认为"绝对命令"可以在智能设备中被运用，但实际却出现了严重的问题。因为这一准则定义过窄，所以它必须始终具有普遍性，而智能体自身尚不能在行动上始终如一。因此，康德的"绝对命令"在人工智能道德设计进路上可能是没有出路的。

沃拉克（Wallach）与艾伦（Allen）认为："'自上而下'的设计理论有助于人工智能体道德的设计。"④ 也有人否认这一观点，认为人工智能体道德的设计应该遵循"自上而下"与"自下而上"相结合的设计理念。"自下而上"的设计理念主要讲的是人工智能体在设计的

---

① 中共中央马克思恩格斯列宁斯大林著作编译局.马克思恩格斯选集（第四卷）[M].北京：人民出版社，1995：236.

② 黑格尔.法哲学原理[M].范扬等，译.商务印书馆，1961：5.

③ KANT I. Groundwork for the metaphysics of morals[M].Indianapolis Hackett Publishing Company, 1981：30.

④ ALLEN C, VARNER G, ZINSER J. Prolegomena to any future artificial moral agent[J]. Journal of Experimental & Theoretical Artificial Intelligence, 2000, 12（3）：251-261.

过程中一步步学习人类主体的道德行为、遗传演算、联结机制、学习机制等，这一理念有助于人们在一个稳固的技术基础上设计机器人。Wallach 与 Allen 对此持否定的态度，他们认为机器人的设计应该是在总体原则之下，用理念来指导行为或设计思路，"自下而上"的设计理念使人们在设计过程中总要面对相应的伦理难题，不利于人工智能体的设计。

如果 Wallach 与 Allen 的设计理念是正确的，或具有普遍性的，那么自上而下的设计思路就有可能融入人工智能体的设计框架，当然自上而下的设计思路也同样要面对自下而上设计思路所面对的伦理难题。对此，Wallach 与 Allen 认为我们应该从亚里士多德的美德伦理中去寻求答案。[①] 这一想法可能让人感到惊讶，相对于其他伦理体系或价值标准，美德伦理让人感觉它只是起到了平衡这两条思路的作用，但事实并非如此，美德伦理的介入可以深入伦理的本质问题，从而弥补这两条设计思路的不足。

Wallach 与 Allen 进一步指出，自上而下的设计理念与美德伦理相结合，对于道德行为具有较强的指导作用，"它们的结合有助于消除利己主义，限制人们行为或行动的宽度，从而有利于社会良性发展"[②]。从这个角度而言，康德的"绝对命令"可能没有从根本上认识到道德的本质特点，尽管它们都有一定的长处，但对于社会良性发展却鲜有益处。

我们也应该了解，美德伦理也并非唯一或万能的法则。在人工智能道德发展的过程中，其他伦理体系或标准也发挥着作用。比如，Wallach 与 Allen 提出了柏拉图四项标准（智慧、勇气、节制、公正），以及 St. Paul 的三项标准（信念、希望与善行），或者还应该加上政治家经常呼吁的诸多准则（可靠、忠诚、乐于助人、友善、谦恭、善良、

---

① ALLEN C, VARNER G, ZINSER J. Prolegomena to any future artificial moral agent[J]. Journal of Experimental & Theoretical Artificial Intelligence, 2000, 12 (3): 251-261.

② 同①.

孝顺、开朗、节俭、勇气、干净以及虔诚）等。① 我们可有选择地把它们融入人工智能体设计中，但所有这些标准或准则中最为关键的是可靠性，因为只有它可以保证智能体的忠诚，至于忠诚如何诠释则是问题的另一个角度。

从工程师的视角来看，道德可以从机器的行为中体现出来，但探讨智能体深层次的道德行为或表现却要从哲学角度切入，或者应该从道德图灵测试的角度去寻找答案。比如，什么时候人工智能是忠诚的？我们可以理解为当它坚守承诺的时候；什么时候它是明智的？那么当然是它聪明地去做事情的时候；什么时候它是勇敢的？也许是当它表现得勇敢的时候。

（二）人工智能伦理在道德观念上的影响

道德是人类责任和义务的映射，我们把道德行为看作人自身的一种内部运算，并进一步称它为"道德主观性"。简单来讲，行为动机是一种伦理表征。在伦理体系中，行为动机体现在许多方面，如尊重、勇气、胆略等。康德甚至认为"尊重"是伦理体系的必要元素，不管它是否是普世价值的一种观念，"尊重这一词所连接的价值可以有效抵制利己主义"②。同样，勇气或胆略所体现的价值观也可以有效应对恐惧所带来的感觉。实际在智能体设计中，道德观念的内部运算从根本上讲是人类自身道德性的一种反应。③

在这个问题上还有一个更为重要的讨论，就是柏拉图和亚里士多德的美德伦理，他们在内部计算上也同样面临区别道德与行为之间关系的本质问题。柏拉图在其巨著《理想国》第二卷中谈到，道德表现在现实中具有重要价值，进而就可以预防欺诈。对此，亚里士多德认

---

① WALLACH W, Allen C. Moral machines: teaching robots rigiil from wrong[M]. New York: Oxford University Press, 2009: 121.

② Kant I. Groundwork for the metaphysics of morals[M]. Indianapolis: Hackett Publishing Company, 1981: 17.

③ BEAVERS A F. Kant and the problem of ethical metaphysics[J]. Philosophy in the Contemporary World, 2001, 7（2）: 47-56.

为伦理是建立在幸福主义的基础之上的，并且认为这是我们人类追求和奋斗的目标。① 人类开始对美德行为的模仿和学习可能并非完美，甚至存在缺陷，但在成长的过程中，人类可以通过自身的判断力慢慢促使这一行为习惯化。尽管亚里士多德认为通过行为，美德习惯会内化为我们自身的一种性格，但我们也很难想象道德行为在没有真实"感觉"的情况下会如何有效发挥作用，尤其在智能体道德架构的问题上，我们可能还需要更多的理论支撑。

对以上问题的讨论直接关系到我们如何发展机器伦理。为了对此有一个更为明确的认识，我们有必要援引密尔的道德主体分类法来进一步说明。根据密尔的观点，所谓"伦理影响的主体"在此主要指机器在道德上对主体的影响。② 例如，"机器人骆驼骑师"在卡塔尔慢慢取代了"儿童骆驼骑师"的地位，所以在人道主义上，相比阿联酋、科威特等国家，卡塔尔获得了更为积极的影响，进而在经济上得到了很大的支持和援助。尽管密尔没有直陈这一行为在道德上的影响，但大多数机器却具有这方面的能力，具有潜在的道德影响力。明确来讲，"伦理影响并非指的是设计师在机器道德上如何设计，而是伦理行为的做出是否源于计算机内部的道德编码"③。这是一个非常复杂的问题，为了更加清晰地认识它，密尔提出了一个三元分类法，也就是从"隐式""明确""完全"三个角度建构。

"隐式的主体伦理"强调的是机器的被动作用，强调其在人类设计范围内去行动，而不是其自行做出符合伦理的行为。摩尔以 ATM 自动柜员机与自动飞行器为例进一步说明这一问题，它们都是在人类设计师编程的基础之上服务于人类，包括"机器人骆驼骑师"，其实质也是依靠内部设计机制去行动。

"明确的主体伦理"强调机器的能动性，即可以像"计算机下象

① 洪羽科技说.浅析传统主义学派眼中的机器伦理 [EB/OL]. (2022-7-20) [2022-10-1]. http://baijiaohuo.baidu.com/s?id=17388631721607641117&wrf=spider&for=pc.

② 密尔.功利主义 [M].叶建新，译.北京：九州出版社，2006：96.

③ MOOR J. Prospects for a Kantian machine[J].IEEE Intelligent Sytems,2006(4):1541-1672.

棋一样实施伦理行为"。换句话来讲，它们可以根据不同的场景在一定的伦理原则下进行某一行动。可以说这一具有辨别性的"明确的主体伦理"相关行为源于可识别的道德决策程序。摩尔进一步推测，这一类型的机器在将来可以为自己的行为辩护。

"完全的主体伦理"指的是机器如同我们人类一般，具有"意识、目的和自由意志"。在道德感官领域它们能为自己的行为负责，当然它们也可以犯错误，因为它们已具有较强的感官意识了。

如果 Wallach 与 Allen 的观点是正确的，那么我们可以明确机器能够达到隐式的和明确的道德主体位置，但是否能够达到完全的道德主体位置可能还有待确认。摩尔认为，如果机器人在短期内尚不能达到这个位置，那"我们把注意力放在限制'明确的主体伦理'上，因为尽管这一层次的智能体距离'完全的主体伦理'还有一定差距，但是它们可以帮助我们阻止不符合伦理的结果"①。以上所述指出了"明确的主体伦理"与"完全的主体伦理"之间的差别，而根据道德图灵测试与机器伦理的相关实施准则，它们完全可以影响人类，那么这两者之间的差别是否能够代表智能体发展所面临的挑战呢？

在机器作为道德主体的工程设计问题上，答案与经验主义元素紧密结合在一起，也就是说道德机器的设计必须与可实现性准则相联系。如果"应该"蕴含的是"能够"的意思，那么我们可以理解为"应该"也蕴含着"可实现性"。尽管这一工程不会马上实现，但这种状态是存在的，因为任何道德理论都不可能在一个真实环境中通过限制智能体的能力而达到执行相关命令的目的，不管这个智能体是机械式的或生物式的。因此，如果"应该"蕴含的是"能够"的意思，或者在特定的状态下这一能力能够实现，那么道德责任就必须借助一定的平台促使智能体具有这一可能性。方法如果不具有可实现性，那么道德也不可能实现，因此一个有效的方法必须具有可实现性。从这个意义上讲，智能体的道德系统或道德理论必须通过图灵测试，并且在研究方法或思路上是有效的。如果我们能够成功地设计道德机器，那么

① MOOR J H. The nature, importance, and difficulty of machine ethics[J].IEEE Intelligent Systems, 2006, 21（4）: 18-21.

我们就没有必要在其内部运行过程中考虑计算的问题。

明确的道德主体在"实施伦理行为如同下象棋一般"的表现上与完全的道德主体展示恰当的道德行为并在行为过程中展现意向性和道德动机之间的区别是什么呢？当这个世界完全由人类与道德机器组成时，假设成功地把道德机器培养成了完全的道德主体，那么这个问题可能就没有什么意义了。但至少我们应该意识到道德并非专属于我们人类自身，完全的道德主体也应该从中分一杯羹。摩尔此时把道德视为伦理行为的必要条件，明确的道德主体可能仅仅是通向完全道德主体的一个途径，或者从推理的角度而言，它已成为伦理标准的一个充分条件。

道德图灵测试与可实现性标准的结合成为伦理行为的有效测试途径。这一在哲学界存在了两千多年的争论，通过在工程领域对道德行为的模仿有望得到解决。那么这时人类道德概念确定的标准是什么呢？这可能需要重新定义或分类，而道德所衍生的标准或准则也可能不再有较强的应用性。

（三）人工智能伦理的可预见性

通常美德与责任、荣誉、勇气、纪律等联系在一起。但试想如果我们在未来面对这样一条新闻，即首次授予在战场上英勇杀敌的人工智能勋章，我们是否会一片哗然，或者我们是否会认为这一行为亵渎了我们所崇尚的荣誉。因为在我们传统的道德观念中，这一荣誉是属于我们人类的，并且荣誉的获得至少应该体现在行动的勇气、纪律、目的或恐怖的经历，以及勇于牺牲的行为等方面。那么人工智能的行为是否包含这些因素呢？至少从我们人类的立场来分析，人工智能在战场上的行为是人类行为的具体化，它经历了人类观念中的勇气、纪律、目的、可靠性或者自我牺牲的行为。如果这仍不足以体现美德的本质或者我们对荣誉的理解，那么我们是否应该考虑扩展美德伦理的内涵了呢？

实际上，我们授予人工智能体以荣誉说明它具备了美德伦理要求品质，尤其是它对于人类而言所具有的忠诚度或者可靠性。我们此时所定义的忠诚或可靠性主要指人工智能的责任能力。责任在某种程度上体现的是一种因果关系，如消防员解释房间失火因为电烤箱时，我们却不能追究它的责任，然而我们可能追究其制造商的责任。道德上的可靠性伴随着责任或义务，现在我们再来看人工智能士兵的责任问题，机器人作为未来战场上的主力军，它必然要具有电烤箱一样的可靠性，那么在行动过程中我们如何增加它的责任感并确保它在道德上是可靠的呢？从工程技术的角度而言，我们可能还没有找到一条有效的途径。人工智能士兵已具有勇气，可据自身能力去行动，并且不会去伪装。这种设计上的"因"必然带来行为上的"果"，因此其在行动过程中就表现出了可靠性。

事实上，如果人工智能可以得到这一荣誉，那么所带来的影响对于人类士兵而言也是巨大的，因为道德上的荣誉可以通过虚拟行为得以提升。比如，在电影《星际迷航》中，如果船长的虚拟性格在现实中扩展，那么机器的某种行为在实际生活中也必然会影响人类。然而，对于这种虚拟行为所带来影响，我们并没有放在一个合适的位置上，甚至在我们的观念中，机器仅仅是一个工具而已，它仅仅做了应该做的事情。不过在此对这个问题的讨论却加深了我们对于人类道德本质、道德的客观性以及以人类伦理为中心的机器设计思想的认识。

如果可实现性是通向道德领域的必要条件，那么对这个过程的细节如何描述呢？我们必须思考这样一个问题，也就是我们的道德性或道德意识的可实现性是多少？是否可以把人类道德看作机器道德在生物学意义上的具体化？我们认为，那些在神经伦理学与道德生态学领域工作的人可能在这方面更具认同感。Ruse 认为我们人类的价值是隐含在生物链中的。[①] 如果确实如此，那么我们人类的美德应该仅仅是美德体系的一部分。从物种上讲我们是哺乳类动物，哺乳类的美德与爬行类的美德可能存在不同，那么机器美德呢？它有没有可实现的条件？或者人类美德是否可以促进机器伦理发展？

---

① RUSE M. Evolutionary naturalism[M]. New York：Routledge, 1995：41.

人们开始关心道德的客观有效性，使道德在可实现性上变得复杂了起来。这一问题在生物学、遗传学、神经科学以及技术决定论等领域引发了激烈的争论，我们甚至在思考是否随着科学和技术的不断革新责任观念会消失。如果确是如此，道德责任也会随之而去，最后可能只有因果性的观念了。这样一来，传统的道德责任观念也同样处在风口浪尖。

2007 年，安德森（Anderson）写道：伦理从本质上而言是哲学的一个分支，它讲的是主体在伦理两难时如何选择的问题。尽管在此讲到了伦理的本质目的，但是在实际应用领域人们却很少对此进行思考。[①] 人们研究机器伦理通常强调的是机器伦理在实践领域的应用。正如丹尼尔·丹尼特（Daniel Dennett）指出的，"人工智能使得哲学更为诚实"。[②] 为了使人工智能体明确在伦理两难时的选择，伦理有必要通过计算来表达。[③]

在面对谎言的问题上，我们认识到可实现性的标准促使伦理变得更为诚实。对于传统伦理观念，如道德心、可靠性以及责任，我们并没有否定，只是扩展了它们的内涵。伦理的获得不需要"砝码"，所以即使没有心理上的压力，我们也可以抑制自身欲望，并确保行为在道德范围内。

二、人工智能的权利、义务与伦理特征

（一）基于道义论与结果论的人工智能权利与义务关系

人工智能伦理体现了一种权利义务关系，而对于它与人类伦理所包含的伦理精神是否存在一致性问题，我们需进一步分析。

（1）人工智能伦理：权利还是美德。道德通常指出哪些"应该"

---

① ANDERSON M, ANDERSON S. Machine ethics: creating an ethical intelligent agcnt[J].AL Magazine 2007, 28（4）: 15-26.

② DENNETT D. Computers as prostheses for the imagination[M]. in Invited talk presented at the International Computers and Philosophy Conference. 2006: 3.

③ 同①.

去做，哪些"不应该"去做，对我们的实际行动进行约束。这里的"应该"可以理解为两个基本方面，即权利或者美德。为此，道德可以被理解为，在其规范内我们有权利去行动，或者我们可以发扬美德以便生活得更幸福。这两方面实际上是相同的，因为如果我们想过上一种美好的生活，就必须遵守道德规则；反之，如果我们不接受道德的约束，那么在道德的这两个方面就会出现分歧，从而不会有幸福的生活。

如果把道德看作有权行动的一项研究，那么遵守其中的规则就意味着获得了一种道德权利，并实施了道德上正确（或允许）的行动，这就是道德上的权利意识。美德意识下，人们把伦理看作美好生活中的一种艺术或科学，而不是在某一环境下必须遵守规则的一种责任。对于机器人伦理三个层面，人们不可能用单一的规则予以约束，因此引出了一系列问题。

就第一个层面来讲，问题在于人工智能专家在工作中是否必须遵守机器人伦理中的一系列规则，谁能够自主地遵守这些道德约束，以及谁总是邪恶地打破道德约束，或者针对这些规则进行的调查研究是否有利于建立一个更好的网络社会。

就第二个层面来讲，问题在于人工智能伦理研究是否可以表述为一种特殊的原则。也就是说，若人工智能专家可在工作中以良好品德影响人工智能，那么是否可以说，不好的品德也会影响到人工智能？从美德伦理的角度来看，人工智能专家宣称的"因为我遵守了规则所以我没有责任"这一说法是站不住脚的。相反，他们应该有一个专业的仿效标准。这个标准就是"人工智能专家宣言"①，它以陈述了所有人工智能专家都要遵守的一条原则而闻名。比尔·乔伊（Bill Joy）也宣称需要通过宣言来树立一个范例和标准。因此他写道，"科学家和工程师需要接受一个较强的伦理行为准则，类似于希波克拉底誓言。"② 更进一步来说，如果人工智能自身是一个恰当的道德评价主体，

---

① MCCAULEY L. AI armageddon and the three laws of robotics[J]. Ethics and Information Technology. 2007, 9（2）: 153-164

② JOY B. Why the future doesn't need us[J]. Wired, 2000, 8（4）: 238-262.

人工智能美德伦理就会是这个主体研究的一项内容，那么一个好品德（可能是功能上）的人工智能将会出现，并会做出恰当的行为。

就第三个层面来讲，问题是对人工智能伦理学的研究到底涉及一项权利还是一种美德。尽管有关伦理学研究的争论多从美德的角度来讲，但基于权利的视角也反映了技术发展的另一个趋势：把道德与法律关联在一起。也就是说，它旨在揭示那些不受法律制裁的行动都是道德上允许的，而当法律规则被他人违背时则（在法律权利的范围内）坚决予以纠正，或者当其他人甘愿接受道德谴责而允许某一行为发生时，他可以说"我有制止的权利！"

对于人工智能来说，目前把机器人伦理视为一种美德可能更为有效。但是，由于涉及的人工智能这个群体大而多变，所以人工智能伦理作为一种美德的社会影响已经变得微乎其微。从这一点出发，基于规则和程序的权利与义务关系可能会发挥更加重要的作用。因此，在人工智能自身美德的约束之下，机器人伦理中的权利意识可能是道德的"第二保障"，至少当不道德事情可以预见或已然发生时，它能够发挥作用。不管怎样，在现实世界中，恶习还是存在的，因此道德还需要得到维护。

（2）人工智能伦理的权利和义务关系问题。这里存在两个相互竞争的理论："意愿理论"（deontological theory）和"利益理论"（consequentialist theory）。利益理论主要与权利（或福利）相关，每一个体都具有享受利益的权利。每个人（包括人工智能）都具有尊重他人权利的义务。但是，意愿理论对此持有不同的看法，它认为自由是一切权利的基础，对某一权利的要求通常指的是对一种特殊权利的选择。一项权利要求不需要持有权利的人必须完成某项义务，他就是自由的，反之亦然。随着这种相互关系的有关争论越来越深入，问题的关键之处变得越来越清晰，那就是权利的实现是否必须以义务为基础。这当然并不仅限于权利的持有者，而是对应于所有的人：如果我有权利，那么你（任何一个人）是否就有相关的义务。

权利和义务概念之间的关系，对于权利理论相关主题来说是必要的。基于这一关系存在这样一个口号："没有不存在义务的权利。"权利的存在是建立在其他人义务的基础上的。权利保障自由，同时也保障其他每一个人义务的存在。但是这里存在另一个附加的含义，即这里提到的"每一个人"如何定义。在这个语境中，道德主体可以承担道德的责任。我们认为，上文所说的"应该"暗含的是"能够"的意思，而有些事物不能承担这些责任。如果一个树枝碰在我的头上，我不能要求它承担责任。因此，"没有无义务的权利"具有另一层含义：在意愿理论中，只有道德义务主体才能享有道德权利。如果我是一个行为主体，具有自由的行为，具有理性的自由意志，那么我就是权利的享有者。反之，如果不是一个道德的主体，那么就不会享有道德的权利。因为没有无义务的权利，但是，对于意愿理论来说，任何人和事都不是义务的承担者，因此他们不享有道德权利。这也许可以解释为什么当前的人工智能没有相关权利，但是它的卷入却造成了许多道德上的忧虑，因为在伦理应用的过程中很多权利都具有下面的一些形式：在某一标准下去评价所有的权利要求，如果没有违反权利，那么这个行动就是道德上允许的。如果道德主体仅仅是权利享有者，那么基于此原因，主体在行动过程中无论其道德意愿如何表现，他们都希望指向非主体，如残害动物或摧毁人工智能。

在相当一部分的伦理领域，对于权利的要求都是非常普遍的，但是在权利和义务的平衡方面却依然存在问题，主要体现为人们在要求权利的同时并没有去承担相应的义务，这也导致权益理论受到了很多人的反对。很多非道德主体生物（如动物和植物等），因为不是社会生活中的道德主体，所以没有权利。但是它们却成为道德的受害者，于它们而言，我们就属于义务欠缺者，且一旦人类认识到自身享有的权利和义务之间的关系，这一问题就会更加明晰。正如利益理论显示出来的那样，只有需要承担义务时，我们才会变得更加模棱两可。因此，我们可以预见不久未来的发展形势，人工智能在未来的很长一段时间之内不会享有权利，且在其真正地具备自主决策能力之前，其都不能成为道德的主体，不会享有权利。但是，在这个时间之内，人工智能却需要承担义务，这就需要将具体的义务落实到人工智能的研发者和使用者身上。

由此可见，在人工智能伦理中，我们不能以没有违背权利，就推定道德上允许去行动。因为道德义务不能对每一项可以确认的权利做出反应。为了阐明关于道德权利义务的观点，我们至少需要考虑更多的道德方法或途径而不仅仅是权利理论。

（三）人工智能伦理的不同观点

人工智能伦理是权利与义务相结合的规范伦理体系。构建机器人伦理的活动往往涉及两方面：道义论和后果论。

（1）人工智能伦理的道义论观点。

人工智能道德决策理论认为，人工智能专家或人工智能本身可以依照相应的规则设定一阶逻辑。

尽管包含基础逻辑的演算并不能把伦理理论完全纳入其中，然而道义逻辑却在编辑程序方面具有重要作用。实际上，道义论仅仅把伦理看作（可编程的）一组规则。在道义论者看来，原则上可以创造符合伦理的人工智能，并确保它能符合任何（可编程的）伦理标准。

康德的"绝对命令"是关于"人工智能的三大定律"，这种定律是人工智能伦理学中一种代表性理论。

康德的理论有两个发展的措施：一方面是绝对命令 CI（1），另一方面是普遍规律（FUL）。两者的"行为与准则都是相同的，可以把这个规则看作通用的规则"①。

"绝对命令"是对一个人目的和意志的陈述：为什么一个人要做他应该做的事？对此，康德指出唯一的意志是道德，它是我们每个人都应该拥有的，道德世界中没有不公正。康德还指出，仅仅将他人视为对我们的伤害是不道德的。②当然，我们也不想被人这样对待。

那么，在每个社会关系当中都要应用 CI 时，康德提供了策略。CI（2）或最终表达原则："无论是自身或其他人，在行动过程中总是

① KANT I. Groundwork of the metaphysics of morals[M]. Cambridge：Cambridge University Press，1998：76.

② 同①.

以人道的方式来解决问题，并以此结束，而绝不只是把它当作一种手段。"① 康德指出对 CI（2）的解释是对 CI（1）最为直接的继承和发展。在康德看来，我们不能把人性仅仅看作对待他人的一种办法。这在一定程度上体现出了对固定人格尊严和每个人的一种尊重。那么就是说，尊重等一致特点是人的尊严所必需的，我们要把它当作一种价值的发展和存在，而不是一种对待他人的应付方式。对于康德来说，所有理性的存在都有其内在的道德价值。

康德的道义论认为诸如盗窃和说谎这样的行为是不道德的，然而把它们普遍化却不恰当。例如，对身患绝症的人说谎、偷窃打算实施自杀行为人的凶器未必是不道德的。康德这一理论具有广泛的影响，但是其在适用性上存在一定的问题，同时它在道德后果上表现出漠视的态度也是一个缺陷。再如，人工智能可能永远不会说谎，但如果它被不怀好意的人控制，那么人工智能的这一特性无疑会给正义力量带来困扰。

进一步来说，CI（1）是非常宽容的，它允许任何具有普遍性准则的行为中潜在劣性的存在，但这样显然会引起与 CI（2）的冲突。例如，CI（1）可能要求制裁自愿劳役或强制劳役。关于在人工智能中纳入道义论伦理，更为糟糕的是，运用 CI（1）会产生责任冲突——当两个普遍化的准则同时出现时，就可能会导致冲突。

但 CI（2）过于严厉，从文字上进行解析可知，它不赞同世界上每次战争举动，坚持无论别人同意或不同意，走自己的路，认同自己的看法。这很可能发生在大多数人机交互活动中，尤其是在一些军事行动当中。这一原则既不允许为了胜利而伤害一般人民，也不允许在人类活动中为了多数人的利益而损害少数人的利益。事实上，在义务论的管制下产生了许多不可思议的结果。当涉及复杂的任务时，人工智能不会完全按照人类的命令去做。问题是何时、如何，以及为什么要做出这样正确的决定。从这个方面来说，CI（2）的管制太多了，通常也就没有了可行性。

①   KANT I. Groundwork of the metaphysic of morals[M]. Cambridge : Cambridge University Press, 1998 : 76.

最后，康德的义务论理论在规则通用化方面也存在问题。例如，在战争中，人工智能可能有能力普及规则，如"永远不要射杀小孩"，但如果叛乱分子意识到这一点，组织童子军叛乱将对机器人构成严重威胁。此外，如果战争规则允许它在敌人用枪指着它时瞄准攻击（除非另一方受伤或无法抵抗），那么人工智能是否能够区分伤害的程度和报复的能力，并做出正确的决定呢？对于这些问题，康德的义务论理论难以给出到位的回答。

（2）人工智能伦理的后果论观点。有些问题的后果并没有在所有的义务过程中被考虑进去，但后果论伦理清楚地说明了这个问题。功利主义认为，道德的目标应该是效用最大化，而效用应该是善的最大化和恶的最小化。

杰里米·边沁（Jeremy Bentham）[1] 和 J.S.密尔[2] 的功利主义最有权威性。他们提出的核心原则是"最大化幸福原则"，也就是说我们每个人都要为促使很多人的幸福最大化而努力。

与义务论一样，传统功利主义强调平等、公平和共同机会。因此，在一个行为中，道德正义取决于所有人的行为结果，而不是一个单一的道德主体，或者是在场的人、任何其他群体的限制。

然而，这一理论在计算领域却无法实施，因为它不可能对每一个行动步骤中的功效进行计算。功利主义者认为道德评价是不可能的，甚至对大多数行动的短期后果进行权衡预测也是不可能的。基于此，人们对于这一缺陷的回应是效益分析：把好和坏的结论都转换成经济价值（收益和亏损），这时再评价后果的预期利润/效用。这样伦理学就变成了经济学的一个分支。但是，对比道德价值与经济价值会发现有许多问题。例如，爱的价值、奉献的价值和荣誉的价值就不能有同一个标准。为此，有伦理学家宣称，这一观点背离了基本的道德原则，混淆了消费者的经济价值和公民的道德价值，试图对每一个重要

[1]　BENTHAM J. An introduction to the principles of morals and legislation [M]. Oxford：Clarendon Press，1907：98.

[2]　MILL J S. Utilitarianism [M]. Oxford：Oxford University Press，1998：145.

的事情进行价值定位，使得道德弱化。①

具有巨大计算能力的人工智能能解决这个计算问题吗？对于人工智能，计算的困难包括如何在计算系统中实现效用，以及怎样输入数据等。一个实用的功利性人工智能不会在给定的时间内做出大多数人都能接受的决定，或者使用缺少的信息在给定的时间内完成计算。另外，倘若效用是不可计算的，并且人们有责任使其最大化，那么功利主义是如何计算它的结果的呢？

即使计算的问题是可以解决的，人们对功利主义也有很多反对意见。例如，代罪问题可以使效用最大化，但这可能会导致不公正。又如，处决一个无辜的人，可能会导致许多死亡和经济受损。这也就是说，至少在基本形式中，功利主义不能很容易地解释权利和义务的关系，以及其他道德问题。

无论是道义论还是后果论，对于人工智能来说，除了计算的缺陷之外，它们都存在一个致命的缺陷：它们都在以下预设问题上存在矛盾。如为了应对这一切，人工智能是否需要了解所有情况？人工智能如何充分考虑道德相关所有信息以做出决定（尤其是在异常的情境中），而不至于被无关信息所淹没？

事实上，这一假设强化了所有的理论担心，即人工智能需要一种不可能的计算工具来做出决策，因为需要知识来描述相关行为对世界的影响，以及估计初始信息的难度等。关于人的道德主体也有许多问题，这些问题表现在行动选择过程中，表现在评价体系中。

有进化心理学家认为，人类的思维是通过特殊目的模块工作的，而不是通过一般的机器进行计算。② 同时，人工智能系统可以在有限的范围内解决预设问题。尤其当人工智能的目标不是建立一个完整的系统，而是在一个特定的情况下做出比人类更好的决策时，就不会出现基本的矛盾。

---

① SAGOFF M. At the shrine of our lady of fatima or why political questions are not all economic[J]. Arizona Law Review, 1982 (23): 1281-1298.

② TOOBY L, COSMIDES L. The modular nature of human intelligence[J]. In Origin and Evolution of Intelligence, 1997: 71-101.

即使如此，这样的人工智能可能也不就是"道德人"，但对于康德主义者来说，它是一个全自动的人类主体，它能够自主选择生活目标，而并非仅仅为他人服务，是一个完全意义上的"道德人"。因此，人工智能能否变成完全自主的道德主体尚有待明确。

（三）人工智能权利与义务关系的进一步思考

在当下看来，倘若上文解释是到位的，那么有一天人工智能将成为一个道德主体，进而成为一个拥有完全道德的人。在未来，随着生物和机器的逐渐融合，很有可能会出现关于半人工智能的探究，直到没有人怀疑人工智能是完全的人类，人工智能可以慢慢获得一个机械的身体，同时仍然保持有机体的个性。倘若人工智能可以有个性，人类将不得不决定道德交流是否应该扩展到人工智能生命体。总体来说，人工智能的伦理是设计师从服务人类的角度来判断和选择的，但是在一定的发展阶段，人工智能可能会有自己的行为选择。

就短期来说，对人工智能要求的道德个性或规则是可编程的，并非不可控制、不能预测的意识或道德情绪。因此，在人工智能伦理发展进程中，道义论和美德伦理仅仅作为候选或过渡因素存在，而在道义论中关于程序设计的伦理仍旧存在问题，而不仅仅是"框架问题"（frame problem）。

在计算机上基于伦理原则进行编码是可能的。此外，人工智能的环境设置和学习能力培养使得美德伦理作为一种自然选择成为人工智能伦理探究发展的良好方向。从发展的角度看，除非人工智能在上述意义上实现完全自主，否则它可以选择自己的人生目标。只有这样，人工智能才能像我们一样有道德，或者成为一个生物伦理学家。

三、人工智能的伦理决策与人类思维

我们曾经认为伦理理论完全可以转换成决策过程，甚至可以用计算的方法予以表达。但最后我们发现这种自上而下的伦理理论在现实决策领域很难实现。此外，通过减少伦理约束或运用法律来武装机器人也是值得怀疑的，它们反而促使决策过程变得更为复杂。

伦理学家已经认识到伦理理论很难应用到真实的决策过程中，但它又是判定决策结果不可忽视的标准。完美主义者或康德主义的代表们认为我们不应该把行动限制在伦理的标准内，但对于伦理学家而言，这一标准很显然被放大了。问题在于，决策结果是否真能保证朋友或家庭之间的义务关系，如何保证，以及是否必须使人与人之间的关系在利益上达到最大化。

然而，在我们看来，这是一种苦行僧式的追求，因为过于功利化地思考人与人之间的关系，并不能反映真实生活。人类并不想人工智能体变得死气沉沉，而需要人工智能体可以与人进行互动，可以像邻居那样提供帮助，同时在做出某一行动时让人类感觉是可以信赖的。这要求人工智能体掌握人类伦理并灵活加以运用。也就是说，人工智能体在建立的过程中需要采用计算的方法来充分表达人类的伦理理论。我们进一步认为，人工智能在设计上要突出人类伦理精神表现，这是人工智能体设计过程中最重要的方面。

每个不同的理论，特别是角色定位，往往会导致不同的理解。每种理论在一定的思维困境下都会产生不同的行为特点和后果。在人工智能的设计过程当中，不同的思维理论、直觉和社会沟通能力也会作为参考因素融合到行为过程中。对于我们整个人类和人工智能来说，最大的考验就是如何在实际的使用中扩大思想对意识的影响。

人与机器之间的信任与合作，既不能通过简单的经验和教条主义来达到，也不能通过严格的"理论正确观点"程序来组建。相反，每个人都需要理解其他人的意见。因此，思维理论并没有严格地指导整个行动，而是作为指导谈判的框架。问题在于，在建立以信任和合作为基础的社会规则时，每个人都应该知道规则，有一个已知的义务。

一些伦理学家则认为标准就是人们应该有什么样的表现，而不仅仅是他们在社会环境中实际发挥功能的方式。本书同意这一伦理标准，并认为"这一应当如何的标准"应该放在重点考虑的位置。当然，个体还需要找到另一个方法，以此平衡不同思维带来的新挑战。

　　人们也许仅仅通过思考自身的思维决策过程就可以得出某一类似的结论，然而从对人类思维或行为的反思中可知，这种类似的通用结论通常是不完美的，最终往往要通过理性的行为去解决问题。

　　在人工智能体尤其是机器人道德能力发展过程中，我们通常借助实验调查的平台对思维结果进行反馈，即基于所说的、所做的，以及非语言方式所传递的信息之间的一致性，研究者通过语言、行为和姿势之间的相互影响来形成思维判断，并通过不同的理论观点模仿个体之间的交互行为。这种思维模式很有可能促进认知模型的塑造，以及人们在哲学领域对机器人伦理问题的认识。

第七章 混合制的人工智能伦理体系建构

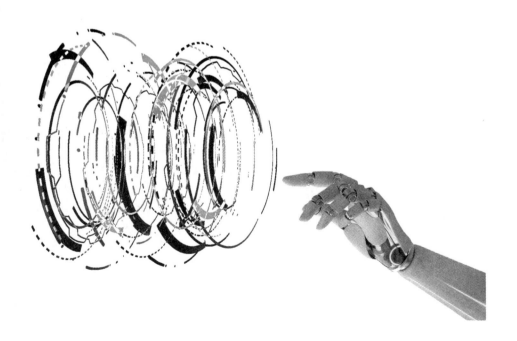

一、混合的道德人工智能

道德主体应该在全球范围内得到呈现，应该有情感或准情感信息，而倘若我们想让它们在大多数情况下正常运作，就应该了解社会动态和习俗。这些超理性力量的道德含义可能是自下而上方法的副产品，但它们不一定是事实。

在军事领域中，自顶向下和自底向上的方法对于自动攻击系统的运行都是必不可少的。但是混合不同的想法和不同的结构体系会产生问题。与生俱来的气质、随着成长而形成的核心道德价值观，以及文化间代代相传的规则，会对人们的发展产生巨大的影响。这些规则在年轻人中可能会逐渐被重新塑造为抽象原则，以自上而下的方式指导一个人的行为。虽然人工智能被普遍认为是自主的道德主体，但它可能需要一个集成各种输入的计算系统，包括通过隐式价值观表达自上而下的道德价值观和对不同环境的识别。为了解释自顶向下和自底向上的设计方法是如何协同工作的，我们可尝试使用一个连接的网络来构建一个具有自身特点和道德品质的计算机系统。

二、美德与道德设计

通常伦理学家不太重视序列或规则，而更多强调性格和良好习惯的重要性。好的品德总是会导致好的行为吗？在柏拉图的《美诺篇》中，苏格拉底对这个问题的回答是肯定的：因为美德不能被滥用，如果一个人真地拥有一种美德，他会不自觉地通过自己的行为表现出来。

先哲柏拉图定义了四种基本美德：智慧、勇气、节制和公正。亚里士多德进一步将其分为两类：理智美德和道德美德。后来，托马斯·阿奎那（Thomas Aquinas）在理智德性和道德德性之外加上了作为神学三德的信仰、希望和爱。①

功利主义者对如何衡量效用意见不一，义务论者对义务的界限意见不一，同时当代道德伦理学家对"道德清单"的道德主体应该拥有多少美德也意见不一。

20世纪50年代有法国著名神学家提到了十八种美德，包括礼貌和幽默，而更重要的是提到了数百个美德词。不同的社会群体对什么是美德有不同的看法，因此许多学者认为道德理论只适用于特定的社区群体，而不适用于多元文化社区。

亚里士多德认为：道德德性和理性德性是不同的，理性德性需要教，而道德德性通过习惯和练习而习得。基于此，不同的德性在人工智能体道德主体运用时需要不同的方法，理性德性的可教性表明，清楚地对规则、原则进行描述是可能的。然而，道德德性强调习惯、学习与性格，且重点强调个体由下而上反复练习、学习和发现的过程。

在人工智能体设计上，不可能将德性简单地分为自上而下或者由下而上，而应该将两者结合起来，但是在明确要混合的部分之前是很难建立混合机制的。所以，可以把构建有性格特征的计算机过程看成道德自上而下的实现过程或者是性格特征的发展过程。前一种方法将道德视为可通过程序编制进入系统的特质，后一种方法来源于联结主义以及神经网络和亚里士多德的伦理系统。联结主义提倡通过经验和实例探讨神经网络的发展和训练，而不是通过语言和规则生成抽象理论。

三、"自上而下"的道德设计

将美德纳入计算系统时会遇到一些问题：美德之间的矛盾、美德的不完全性、美德定义的困扰。虽然德性影响着人们的思维和行为动机，但对相关德性的描述并不一定上升到思维的层面。例如，做好事

---

① WENDELL W, ALLEN C. Moral machines: teaching robots right from wrong[M]. New York: Oxford University Press, 2008: 118.

的人不会解释"做好事"的行为，但做好事的人通常会解释做好事的动机。这除了揭示了道德理论的复杂性之外，还说明了不同道德理论之间的界限，但是功利主义和道德伦理之间的界限并不那么清晰。的确，如果没有良好动机的训练，培养美德的过程是难以想象的。

因为道德本身就带有一些复杂的动机和愿望，所以自上而下的方法在实施过程中遇到了挑战。一个具体的道德行动，如行善，可能就包含了一个人内心所有的心理活动。因此，用自上而下的方法实施道德行为的人就要懂得大量心理学方面的知识，以确定在特定的语境如何使用此种方法。比如，如果一个行为很有用但同时又违反了某项道德，人们应该怎么做？如果同时收到两个人的求助信号，但是你只能帮其中一个，那么如何决定去帮助哪一方呢？基于道德的人工智能体也面对相同的境遇，而当检查其行为是否符合道德要求时人们通常就会陷入无限循环的困境。

这些问题可以在人工智能代理执行特定任务时加以解决。在古希腊，道德与功能相联系，每个成员都要发扬实现自身功能的美德。

机器人可能还没有进化到主动"做好事"的地步，但它试图完成的任务中肯定有"好事"。

将机器人道德限定在特定领域是错误的，而道德之所以可信是因为它是人类比较稳定的一个特征。如果一个人在某一情境下是善良的，那么完全有理由相信在其他情况下他也是善良的，虽然这一论断在某些特例中会受到质疑。道德通常都被认为是稳定的人类特征，而且这一特征对于人工智能体道德主体来说也最有吸引力，因为在处理多样而又并不是全部都正当的信息时，人工智能体道德主体在压力下需要保持"忠实度"。人类德性的稳定性源于人类的本质，一个人对其他人"做正确的事"的信任基于共同享有的道德情操。人工智能体道德主体的设计者们面临的困难就是如何找出能够在无情感的机器上实现这种稳定性的方法。一个良性的机器人操作系统需要有自身的情感以及基于情感的目标，如幸福。或许符合道德标准的人工模拟可以实现这一目标或愿望，但是必须要建立真正的以道德为基础的计算操作系统。

四、混合的道德伦理学

当前，联结主义还无法解释神经元活动是如何实现从模式无意识建立到有意识运用的飞跃的。通常，人们都期望道德行为得体并合理。道德合理性的判断是与道德主体作判断时的实际理由相连的，而不是事后伪造的。

1990 年的时候，在保罗·丘奇兰（Paul Churchland）与认知哲学家安迪·克拉克（Andy Clark）的对话中，Clark 提出了联结论能不能独立解释人类道德发展的问题。① 然而 Paul Churchland 与 Andy Clark 之间的讨论只停留在了抽象表层，没有进行深入研究。这种联结主义学习系统如何与自上而下的方法相结合问题需要得到进一步解答。

① WALLACH W, ALLEN C. Moral machines: teaching robots right from wrong[M]. New York: Oxford University Press, 2008: 123.

第八章　结语与反思

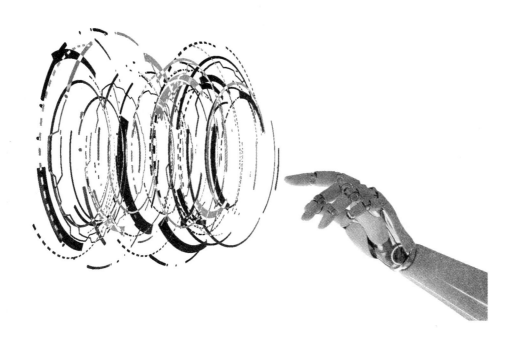

在人工智能研究发展的全过程中，设计阶段是初始阶段，也是人工智能研究的第一步。想要打破人工智能技术所带来的伦理困境，就必须要在设计阶段就将伦理理念融入其中，在此基础上再进行人工智能研究与发展活动。而在设计阶段融入伦理理念，意味着人工智能技术自发展初始就带有一定的价值倾向。简单地说，将正确的价值倾向和道德规范理念融入人工智能技术之中，并通过人工智能技术的研究与发展将正确的价值倾向和道德规范理念呈现出来，必然会使人工智能走向正确的发展道路，为人类美好生活的实现保驾护航。

在整个人工智能设计时期，一些专家学者提出要对人工智能技术进行清晰的道德化设计，即对人工智能技术中的道德规范机制进行设计以规范用户的道德观念和行为。具体来说，在将伦理思想融入人工智能设计阶段的过程中，无论是采用隐性道德设计策略还是选择显性道德设计策略，都需要确定道德设计的方式。如果选择隐性的道德设计策略，我们只需要直接设计道德调节和预测机制即可。

如果选择显性道德设计策略，我们需要经过以下几个步骤：第一，内涵解析。在人工智能技术设计开始之前，应邀请伦理专家参与人工智能的设计。伦理专家具有足够的伦理知识，可以帮助人工智能设计者确定人工智能的相应价值。在具体的设计情境设计中，伦理专家和人工智能设计师可以描述设计问题和环境，界定利益相关者。第二，原型打造。这主要是通过综合运用多种设计方法确定目标的价值转化为人工智能的结构。就像在人工智能系统中，我们可以设置"防错模式"一样。人工智能通过大数据分析运作尽量预防错误行为的发生，尤其是人工智能技术被充分应用到医疗领域时，这一设计方式能够在最大程度上保障患者的生命健康安全。第三，道德调解预测。这一设计使将人工智能设计语境与使用语境相互联系，对人工智能设计者提出了较高的要求。设计者应该竭尽自己的专业知识和丰富经验进行道德形象设计，并通过想象将人工智能应用于所想象的不同情境之中，在获得结果之后反馈于设计之中，以此来完善道德调解预测机制建设。

在人工智能技术发展过程中，要正确认识机器人技术发展引发的伦理问题。机器人技术作为计算机技术的一个分支，被称为 21 世纪最前沿的新兴技术，有很大的发展空间。但不可否认它也产生了很多伦理问题，本书从以下三个方面建议，希望能帮助解决机器人技术产生的伦理问题。第一，将伦理原则和道德思维融入机器人的设计与生产中。机器人技术的发展依赖于计算机语言。然而，鉴于目前计算机语言的发展，各种各样的编程工作中经常会出现问题和错误，这些融合起来就成了阻碍机器人技术发展的原因，也导致了部分的伦理问题。这就要求科研人员不断发展编程语言，并在编写的过程中融入哲学思维与伦理理论，创造一个更符合伦理道德标准的机器人。另外，伦理学和哲学的理论知识虽然都非常丰富，但几乎都是形而上的，给机器人技术提供的实际帮助不大，有点空中楼阁的意味。科学人员不是哲学家，也不是伦理学家，他们在研究机器人技术的时候，大多只会专注于技术的发展与革新，而不会过多地考虑伦理知识、道德体系和哲学理论，因此最终研发出来的机器人往往无法符合现有的伦理规则和伦理体系，从而产生了很多人类无法预料的后果。如果科研人员在研发机器人技术的时候就能预先与哲学家、伦理学家进行沟通交流，将伦理思维加入技术研发中去，就能避免许多伦理问题和道德问题的产生。因此，科研人员应该重视道德和伦理在机器人技术发展中的作用，加强与哲学家、伦理学家的沟通，使机器人技术更人性化，达到人机和谐，以解决部分由技术带来的伦理问题。政府应该经常组织科研人员和哲学家、伦理学家进行交流，如定期召开"科研人员和哲学家探讨机器人技术的学术会"，建立机器人科研人员和哲学家探讨网络论坛等。在这种两方会议上，科研人员和哲学家还可以通过调查问卷的形式调研民意，以对机器人技术进行适当的调整。这将使机器人技术的发展更符合人类的需求。

第二，加强国家间关于机器人技术发展的交流。目前，机器人技术发展遇到了瓶颈，甚至产生了部分伦理问题，同时各个国家都认为机器人技术是一门前沿技术，希望能在这一领域拔得头筹，所以非常注重保密科研成果，导致各国之间对机器人技术的交流几乎没有。如果国际学术界能够在机器人技术上相互帮助合作，那么科研人员在机器人的某些问题上就能得到新的思路，而且无疑机器人技术的发展将会更迅速。例如，开展机器人技术发展国际交流会和人才培养计划，培养研发机器人的科研人员。全面实施"外国专家计划"和"青年科学家培养计划"，鼓励科研人员经常参加相关的重要国际科学组织活动，发展机器人技术合作项目，建立机器人战略论坛，组织机器人技术国际会议。此外，如果是国家级的机器人研发项目，应该邀请国际机器人技术组织的人员进行辅导和帮助，以便更好地完成国家发展计划。当然，我们也要对某些威胁人类生存的机器人技术进行严格防范和惩罚，要按照法律的规定坚决封停这些技术。

第三，我们应该谨慎地发展和打造机器人。机器人技术作为一项高新技术在发展过程中产生了诸多不利影响，所以科研人员都应保持小心的态度，以防止严重的道德后果出现。如果在机器人程序和设计精度方面做好工作，则机器人将会是稳定的，错误的可能性将大大降低，相应对人类安全的负面影响也会减少出现。为了保证机器人系统正常运行，减少事故的发生，我们必须谨慎使用机器人。

随着人工智能技术的迅速发展，各种伦理问题、冲突矛盾逐渐涌现。回看历史，在科技发展过程中，人一直作为指导者，在研究发展各项科技成果时都牢牢掌控着道德底线，使其处于可控范围之内。对于人类而言，科学技术是一把双刃剑，它既会造福于人类，也会稍有不慎带给人毁灭性的灾难。而这一切最终的决定权在人的手中，最终的结果如何取决于人如何运用它。人工智能技术也不例外，运用得当就能够促进人类实现美好生活，如果运用不当就会使伦理关系、伦理秩序遭到严重破坏，甚至危害到人类的生命财产安全。在充分考虑到人工智能技术带来的伦理困境之后，我们必须要在人工智能技术的研究与发展中对伦理、价值等诸多因素进行全面考虑，以制约人工智能。这也正是要求人工智能领域遵守伦理原则的重要原因所在。下面我们就具体阐述一下人工智能领域应遵守的伦理原则。

第一，以人为本原则。我们之所以对人工智能技术进行研究和发展，最终的目的是使其服务于人类，所以不能本末倒置。人工智能技术要能代替人完成高度危险以及无法完成的工作，减轻人的工作风险、工作压力，为人类提供更加美好轻松的生活，而不能危害人类。在智能机器人设置中应严格遵循"以人为本"原则，将"人的安全"排在第一位，要求智能机器人在任何情况下都不能做出对人的生命安全造成威胁的行为。同时，要在人工智能系统中设置"救助模式"，当人类遇到危险时，智能机器人能够自觉提供救助服务。

第二，公正平等原则。每个生命都是平等的，不应该有高低贵贱之分。因此，应该赋予每个公民平等使用人工智能产品的权利，而不能让其成为有钱人士、有权人士的专属品。国家政府应该进一步完善社会福利保障体系和教育培训体系，使各个区域的人民都能够有使用人工智能机器的机会。

第三，公开透明原则。在人工智能研究与发展的过程中，应始终坚持公开化、透明化的原则，除了相关部门加强监管之外，伦理委员会人员和社会公众也应该充分运用手中的监督权，对人工智能的研发进行有效的监督，保证智能机器人的研发始终处于可掌握的范围之内，保证智能机器人不会被黑恶势力及别有用心人士利用，危害人类。

第四，知情同意原则。目前，人工智能技术已广泛应用于政府部门和企业。这些部门往往需要将人类数据输入人工智能系统，但显然这些数据属于员工的个人隐私，因此在输入数据信息时，应告知员工并征得其同意。政府部门、企事业单位只有在员工知情同意的情况下，才有权将员工数据输入人工智能系统。同时，将数据信息输入人工智能系统后，为了保护员工的隐私，单位必须做好人工智能系统的安全保护工作。这就要求人工智能设计者在人工智能系统中设置安全保护模式，并在使用过程中定期对系统进行更新和维护，从而进一步保证人工智能系统的安全。

第五，责任划分原则。在人工智能技术被投入使用的过程中，一旦发生问题，责任的划分至关重要。因此，人工智能研发和使用的过程中必须在综合考量道德要素之后，对责任进行明确划分。只有这样，当问题发生后才能够问责到人。例如，在智能驾驶汽车撞到行人导致其死亡这一案例中，责任划分很重要。首先在充分了解智能驾驶汽车的特殊性质之后，将智能驾驶相关的多元主体一一罗列出来，分别是车辆的研发公司、车辆所有人、软件提供商。然后再依据具体的事故，在具体情况下划分责任主体，确定责任承担情况。当前智能驾驶汽车出现事故可能的责任划分情况为，主要由智能驾驶汽车的研发公司、软件提供商承担主要法律责任。这是因为对于这两个主体而言，智能驾驶汽车属于一种产品，这一产品在行驶的过程中导致事故发生，依据《中华人民共和国侵权责任法》和《中华人民共和国产品质量法》的相关内容来看，属于产品存在问题。因此，一旦智能驾驶汽车发生事故，责任最大的承担者可能就是汽车研发公司和软件提供商。

要想使人工智能技术进一步发展，人们就必须为其发展创造良好的环境，如通过相关法律法规的建设和完善，为人工智能技术的发展创造安全的法律环境。首先，以法律手段规范人工智能技术的发展。其次，要确保问题发生后能够做出明确的责任判断。最后，加强法律专业人才的培养。人工智能是一个新的领域，这就要求在人才培养方面加强法律专业人才的培养。

在科研过程中，要注重人工智能技术方面知识的引入及人工智能引发的伦理问题案例探讨，使所培养出来的法律人才在处理问题时能够轻松一些。随着人工智能技术的不断发展，在未来的某一天，人工智能必然要走到人们的日常生活当中，而为了规避人工智能所产生的伦理问题和一系列麻烦，相关部门十分有必要加强对人工智能技术产品的把握与监控。首先，注重人工智能技术产品的研发工作，在研发过程中注重人工智能产品的安全保护，防止程序被不法分子侵入，导致人工智能技术产品出现问题。同时注重人工智能技术产品研发人才的招聘与选拔，在招聘与选拔人才时，应进行全方位的考察，尤其是道德素质方面的考察。人工智能技术研发本身就是一项十分苦闷的工作，所以研发者不仅要有较强的专业能力、技术知识，还要有刻苦钻研、淡泊名利的职业操守。如果思想上有问题之人或者心志不坚定之人去从事人工智能技术研发工作，那么在面对巨大的利益诱惑时，他们可能会丢失职业操守，做出违法之事。其次，严格把控人工智能产品的出厂管理。针对研发出来的人工智能技术产品要进行严格的审查和检验操作，保证人工智能产品的安全，坚决避免有问题的人工智能产品投入到市场。最后，加强人工智能产品的监管。要为每一个人工智能技术产品设置独一的编码，并在产品内部安装监控系统，在产品投入市场使用之后，全程对人工智能技术产品进行动态监控，避免出现安全问题。

人工智能技术的应用能够带来巨大的经济收益。对于商家而言，这就如同一块"肥肉"。但是在追逐商业利益的同时，商家也应该注重人文关怀，让人工智能不仅体现出商业价值，还能够体现出人文价值。除此之外，我国应该尽力为人工智能构建一个公平安全的市场伦理环境，为人工智能技术的发展做好保护工作。

时至今日，我们已经迎来了智能时代，人工智能技术被广泛应用于医疗事业、教育事业、媒体事业当中，促进了各领域的发展，但是不可避免也带来了一定的伦理困境。在面对人工智能技术所产生的伦理问题困境时，我们应正确地对待，不要过于惊恐、强力抵制，也不要毫无顾忌、全盘接纳，应该针对人工智能技术所带来的伦理困境想出突围策略，为人工智能的发展注入更多安全因素，推动人工智能技术在当今社会稳定、安全、可控地发展。

自人工智能研究之初，一直到现在的人工智能已经广泛应用于各个生产和生活领域，在短短几十年中，人工智能发展迅速并取得了令人瞩目的成就。人工智能作为人类智力能力的延伸，在某些方面明显强于人类，这就使得人工智能能够扮演人类社会中的重要角色。

21世纪以来，人类科学发展进入了一个加速的阶段，语言学、神经学、心理学、计算机科学等学科都取得了巨大的进步。这些学科的研究成果可成为人工智能理论的底层结构，促进人工智能技术快速发展。人工智能相关成就包括但不限于专家系统的发展和人工神经网络技术的发展与应用。近年来，人工智能已广泛应用于医学、教育、农业和军事等领域。人工智能的发展拓展了人类生活和思想的深度和广度，极大地提高了人类的生活质量。

习近平主席在中国科学院第十七次院士大会、中国工程院第十二次院士大会上的讲话中指出："机器人革命"有望成为"第三次工业革命"的一个切入点和重要增长点，将影响全球制造业格局，而且我国将成为全球最大的机器人市场。国际机器人联合会预测，"机器人革命"将创造数万亿美元内市场。由于大数据、云计算、移动互联网等新一代信息技术同机器人技术相互融合步伐加快，3D打印、人工智能迅猛发展，制造机器人的软硬件技术日趋成熟，成本不断降低，性能不断提升，军用无人机、自动驾驶汽车、家政服务机器人已经成为现实，有的人工智能机器人已具有相当程度的自主思维和学习能力。国际上有舆论认为，机器人是"制造业皇冠顶端的明珠"，其研发、制造、应用是衡量一个国家科技创新和高端制造业水平的重要标志。机器人主要制造商和国家纷纷加紧布局，抢占技术和市场制高点。看到这里，我就在想，我国将成为机器人的最大市场，但我们的技术和制造能力能不能应对这场竞争？我们不仅要把我国机器人水平提高上去，而且要尽可能多地占领市场。这样的新技术新领域还很多，我们要审时度势、全盘考虑、抓紧谋划、扎实推进。

然而，在人工智能的实际应用中，也存在很多问题。由于人与人工智能之间的关系暂时确定，人工智能在伦理道德体系中处于道德主体地位。本书提出在人工智能的应用中，用户应始终遵循公平正义原则和公共利益优先原则。我们相信人工智能技术的应用前景一定是光明的，人类与人工智能的和谐共处终将到来。

对于人工智能产品在未来的实际应用前景，哲学家们也有一些负面的担忧。无论是科幻小说中表达的担忧，还是实际人工智能对人类的伤害事件，都为我们未来的人工智能研究提供了一个警示。因此，在设计和制定伦理规范时，应积极宣传伦理规范在人工智能产品应用中的重要性，反思人与人工智能的关系。著名科学史家萨顿在《科学史和新人文主义》中指出："不论科学变得多么的抽象，它的起源和发展过程本质上都是同人道有关的。每一项科学成果都是博爱的成果，都是人类德性的证据。人类通过自身努力所揭示出来的宇宙那几乎无法想象的宏大性，除了在纯粹物质意义上，并没有使人类变得渺小，反而使人类的生活在思想上具有更深刻的意义。"①

　　人类伦理道德规范的制定是对人工智能对象的考察，是对人工智能应用中出现的问题的解决。人工智能技术与社会伦理的结合必将促进二者的共同发展。自从人工智能研究开始以来，它就被认为是人类智能的延伸，超越了无生命的物体。未来人工智能的研究将稳步发展，并不断给人类社会带来便利。人工智能的发展将造福全人类。未来，哲学家与人工智能的开发者和使用者将求同存异，共同寻找人工智能的发展道路。

①　乔治·萨顿.科学史和新人文主义[M].陈恒六，刘兵，仲维光，译.上海：上海交通大学出版社，2007：23.

参考文献

[1] GOTTLIEB P. Are the virtues remedial? [J]. The Journal of Value Inquiry，2001，35（3）：343–354.

[2] 李飞. 无人驾驶碰撞算法的伦理立场与法律治理 [J]. 法制与社会发展，2019，25（5）：167–187.

[3] 张富利. 全球风险社会下人工智能的治理之道——复杂性范式与法律应对 [J]. 学术论坛，2019，42（3）：68–80.

[4] 方艳，刘婷. 人工智能时代算法新闻的伦理评价及反思 [J]. 青年记者，2019（21）：30–31.

[5] 王钰，程海东. 人工智能技术伦理治理内在路径解析 [J]. 自然辩证法通讯，2019，41（8）：87–93.

[6] 彭兰. 增强与克制：智媒时代的新生产力 [J]. 湖南师范大学社会科学学报，2019，48（4）：132–142.

[7] 朱体正. 仿人机器人的法律风险及其规制——兼评《民法典人格权编（草案二次审议稿）》第799条第一款 [J]. 福建师范大学学报(哲学社会科学版)，2019（4）：117–128.

[8] 王世伟. 论人工智能与图书馆更新 [J]. 图书情报知识，2019（4）：35–42.

[9] 杜静，黄荣怀，李政璇，等. 智能教育时代下人工智能伦理的内涵与建构原则 [J]. 电化教育研究，2019，40（7）：21–29.

[10] 刘盾，刘健，徐东波. 风险预测与忧患深思：人工智能对教育发展的冲击与变革——哲学与伦理的思考 [J]. 高教探索，2019（7）：18–23.

[11] 苏令银. 创造智能道德机器的伦理困境及其破解策略 [J]. 理论探索，2019
（4）：30–37.

[12] 闫宏秀. 可信任：人工智能伦理未来图景的一种有效描绘 [J]. 理论探索，
2019（4）：38–42，63.

[13] 杜娟. 从"人机协同"看人工智能时代的新闻伦理构建 [J]. 社会科学研究，
2019（4）：197–204.

[14] 陈小平. 人工智能伦理体系：基础架构与关键问题 [J]. 智能系统学报，
2019，14（4）：605–610.

[15] 郭晓斐，赵平，高翠巧. 医疗人工智能发展面临的法律与伦理挑战及对策
研究 [J]. 中国肿瘤，2019，28（7）：509–512.

[16] 蒋晓，韩鸿，兰臻. 中国语境下的人工智能新闻伦理建构 [J]. 西南民族大
学学报（人文社科版），2019，40（6）：151–158

[17] 王晓阳. 人工智能能否超越人类智能 [J]. 自然辩证法研究，2015，31（7）：
104–110.

[18] 翟振明，彭晓芸. "强人工智能"将如何改变世界——人工智能的技术飞
跃与应用伦理前瞻 [J]. 人民论坛·学术前沿，2016（7）：22–33.

[19] 董枳君. 特斯拉遭遇致命事故，还能把生命交给智能驾驶吗？ [J]. 商学院，
2016（8）：106–107.

[20] 蔡恩泽. 微信封杀小冰，微软"唑瘿子"的背后 [J]. 微电脑世界，2014，（7）.

[21] 王凯. 围棋人机大战：李世石输了，人工智能是否胜利 [J]. 新天地，
2016，（4）.

[22] 戴汝为. 从基于逻辑的人工智能到社会智能的发展 [J]. 自然杂志，2006
（6）：311–314.

[23] 曾毅，刘成林，谭铁牛. 类脑智能研究的回顾与展望 [J]. 计算机学报，
2016，39（1）：212–222.

[24] 蔡曙山，薛小迪. 人工智能与人类智能———从认知科学五个层级的理
论看人机大战 [J]. 北京大学学报（哲学社会科学版），2016，53（4）：
145–154.

[25] BLUM A L, LANGLEYB P. Selection of relevant features and examples in
machine learning[J].Artificial Intelligence，1997（1）：1–2.

[26] 谭民，王硕. 机器人技术研究进展 [J]. 自动化学报，2013，39（7）：963-972.

[27] 甘绍平. 克隆人：不可逾越的伦理禁区 [J]. 中国社会科学，2003（4）：55-65,205.

[28] 韩民青. 现代自然科学提出的几个认识论问题 [J]. 齐鲁学刊，1982（5）：16-19.

[29] 周昌乐. 机器意识能走多远：未来的人工智能哲学 [J]. 人民论坛·学术前沿，2016（13）：81-95.

[30] 马义辉，费舟，屈延. 植物人有意识吗？[J]. 医学争鸣，2010，1（6）：22-24.

[31] 孙冰. 微软"小冰"的爆红与暴毙 [J]. 中国经济周刊，2014（22）：64-65.

[32] 祝宇虹，魏金海，毛俊鑫. 人工情感研究综述 [J]. 江南大学学报（自然科学版），2012，11（4）：497-504.

[33] 环球网. 无人驾驶面临道德困境：发生事故时选择杀谁 [EB/OL]. （2016-06-24）[2019-03-15]. http://tech.huanqiu.com/diginews/2016-06/9079717.html.

[34] 李俊平. 关于约束人工智能情感的思考 [J]. 科协论坛（下半月），2013，（1）：3.

[35] 张春美. 基因不能做什么———现代基因技术的伦理思考 [D]. 上海：复旦大学，2003.

[36] 安德里亚·福尼. 机器人新时代 [M]. 潘苏悦，译，北京：机械工业出版社，2016.

[37] 毕昆，赵馨，侯瑞锋，王成. 机器人技术在农业中的应用方向和发展趋势 [J]. 中国农通学报，2011，27（4）：469-473.

[38] 陈恳，杨向东，刘莉，杨东超. 机器人技术与应用 [M]. 北京：清华大学出版社，2006.

[39] 蔡鹤皋. 一个机器人大发展的时代 [J]. 科学与社会，2015，5（2）：10-16, 9.

[40] 陈金华. 伦理学与现实生活——应用伦理学引论 [M]. 上海：复旦大学出版社，2006.

[41] 常炯 . 机器人伦理困境的艰难选择 [J]. 世界科学，2015（10）：55–57.

[42] 陈晋 . 人工智能技术发展的伦理困境研究 [D]. 长春：吉林大学，2016.

[43] 迟萌 . 机器人技术的伦理边界 [J]. 机器人技术与应用，2009（3）：21–23.

[44] 陈升，孙雪 . 国内外军用机器人的现状、伦理困境及研究方向 [J]. 制造业自动化，2015，37（11）：27–28，40.

[45] 春晓 . 人能够控制机器人吗？[J]. 机器人技术与应用，1988（2）：21.

[46] 蔡永海 . 当代高新技术伦理的新问题与思考 [J]. 自然辩证法研究，2001（2）：37–41.

[47] 蔡自兴 . 2009. 机器人学 [M]. 北京：清华大学出版社，2009.

[48] 邓广福，王效，刘鹏 . 机器人技术的国内外发展现状探究 [J]. 装备制造技术，2015（4）：237–238.

[49] 段伟文 . 机器人伦理的进路及其内涵 [J]. 科学与社会，2015，5（2）：35–45，54.

[50] 杜严勇 . 现代军用机器人的伦理困境 [J]. 伦理学研究，2014（5）：98–102.

[51] 杜严勇 . 情侣机器人对婚姻与性伦理的挑战初探 [J]. 自然辩证法研究，2014，30（9）：93–98.

[52] 杜严勇 . 关于机器人应用的伦理问题 [J]. 科学与社会，2015，5（2）：25–34.

[53] 杜严勇 . 论机器人权利 [J]. 哲学动态，2015（8）：83–89.

[54] 杜严勇 . 机器伦理刍议 [J]. 科学技术哲学研究，2016，33（1）：96–101.

[55] 郭广银，杨明 . 应用伦理的热点探索 [M]. 南京：江苏人民出版社，2004.

[56] 甘绍平 . 应用伦理学前沿问题研究 [M]. 南昌：江西人民出版社，2002.

[57] 甘绍平 . 伦理学的当代建构 [M]. 北京：中国发展出版社，2015.

[58] 胡范秀 . 自然作为道德主体何以可能 [J]. 太原大学学报，2014，15（3）：22–25.

[59] 黄远灿 . 国内外军用机器人产业发展现状 [J]. 机器人技术与应用，2009（2）：25–31.

[60] 焦国成 . 论伦理——伦理概念与伦理学 [J]. 江西师范大学学报（哲学社会科学版），2011，44（1）：22–28.

[61] 杰瑞·卡普兰 . 人工智能时代 [M]. 李盼，译 . 杭州：浙江人民出版社，2016.

[62] 计时鸣，黄希欢．工业机器人技术的发展与应用综述 [J]．机电工程，2015，32（1）：1-13．

[63] 克劳斯·施瓦布．第四次工业革命 [M]．李菁，译．北京：中信出版社，2016．

[64] 卡斯蒂．虚实世界 [M]．王千祥，译．上海：上海科技教育出版社，1998．

[65] 柯显信，尚宇峰，卢孔笔．仿人情感交互表情机器人研究现状及关键技术 [J]．智能系统学报，2013，8（6）：482-488．

[66] 卢冬霜．"人权的应用伦理学视角"学术研讨会综述 [J]．哲学动态，2009（3）：102-103．

[67] 罗国杰．马克思主义伦理学的探索 [M]．北京：中国人民大学出版社，2015．

[68] 李锦峰，腾福星．从技术伦理视角审视人机聊天 [J]．自然辩证法研究，2008（9）：38-41．

[69] 李俊平．人工智能技术的伦理问题及其对策研究 [D]．武汉武汉理工大学，2013．

[70] 李团结．机器人技术 [M]．北京：电子工业出版社，2009．

[71] 李威耀．自主机器人道德决策研究 [D]．长沙：湖南师范大学，2016．

[72] 李小燕．老人护理机器人伦理风险探析 [J]．东北大学学报（社会科学版），2015，17（6）：561-566．

[73] 李小燕．从实在论走向关系论：机器人伦理研究的方法论转换 [J]．自然辩证法研究，2016,32（2）：40-44．

[74] 刘秀燕．人的生命价值的哲学思考 [D]．济南：山东师范大学，2008．

[75] 李云江．机器人概论 [M]．北京：机器工业出版社，2002．

[76] 刘燕．情感机器人哲学伦理学维度 [J]．内蒙古农业大学学报（社会科学版），2012,14（2）：258-260．

[77] 凌卓，伍敏，郑翔，等．医疗机器人的研究进展及伦理学思考 [J]．医学与哲学（A），2014,35（11）：23-35．

[78] 潘建红．现代科技伦理的反思与建构 [J]．武汉理工大学学报（社会科学版），2015,28（6）：1267-1268．

[79] 曲道奎．中国机器人产业发展现状与展望 [J]．中国科学院院刊,2015,30（3）：342-346，429．

[80] 任晓明，王东浩．机器人的当代发展及其伦理问题初探[J]．自然辩证法研究，2013，29（6）：113-118.

[81] 申耀武．智能机器人研究初探[J]．机电工程技术，2015,44（6）：47-51，132.

[82] 尚智丛，闫奎铭．"人与机器"的哲学认识及面向大数据技术的思考[J]．自然辩证法研究，2016，32（2）：24-28.

[83] 谭民，王硕．机器人技术研究进展[J]．自动化学报，2013,39（7）：963-972.

[84] 谭薇．机器人的伦理抉择[N]．第一财经日报，2008-12-31（C07）.

[85] 王东浩．机器人伦理问题探赜[J]．未来与发展，2013，36（5）：18-21.

[86] 王东浩．基于技术和伦理角度的机器人的发展趋势[J]．衡水学院学报，2013,15（5）：57-62.

[87] 王东浩．道德机器人：人类责任存在与缺失之间的矛盾[J]．理论月刊，2013（11）：49-52.

[88] 王东浩．人工智能体引发的道德冲突和困境初探[J]．伦理学研究，2014（2）：68-73.

[89] 王东浩．机器人伦理问题研究[D]．天津：南开大学，2014.

[90] 王绍源．论瓦拉赫与艾伦的AMAs的伦理设计思想——兼评《机器伦理：教导机器人区分善恶》[J]．洛阳师范学院学报，2014，33（1）：30-33.

[91] 王绍源．机器（人）伦理学的勃兴及其伦理地位的探讨[J]．科学技术哲学研究，2015,32（3）：103-107.

[92] 王绍源．应用伦理学的新兴领域：国外机器人伦理学研究述评[J]．自然辩证法通讯，2016,38（4）：147-151.

[93] 王绍源，赵君．"物伦理学"视阈下机器人的伦理设计——兼论机器人伦理学的勃兴[J]．道德与文明，2013（3）：133-138.

[94] 王田苗，陶永，陈阳．服务机器人技术研究现状与发展趋势[J]．中国科学：信息科学，2012，42（9）：1049-1066.

[95] 王田苗，陶永．我国工业机器人技术现状与产业化发展战略[J]．机械工程学报，2012，50（9）1-13.

[96] 王晓楠．机器人技术发展中的矛盾问题研究[D]．大连：大连理工大学，2011.

[97] 魏英敏．新伦理学教程[M]．北京：北京大学出版社，1993.

[98] 王泽应. 应用伦理学的几个基础理论问题 [J]. 理论探讨，2013（2）：41–45.

[99] 徐大庆. 自主机器人伦理 [J]. 长沙大学学报，2016，30（5）：70–73.

[100] 肖杰安，田群兰. 论作为道德主体的个体及其发展 [J]. 河南大学学报（社会科学版），1992（3）：33–37.

[101] 徐晓兰. 中国机器人产业战略研究及西部发展机遇 [J]. 中国发展，2015，15（5）：61–65.

[102] 徐玉如，李彭超. 水下机器人发展趋势 [J]. 自然杂志，2011，33（3）：125–132，2.

[103] 袁玖林. 智能机器人伦理初探 [J]. 牡丹江大学学报，2015，24（5）：129–131.

[104] 约瑟夫·巴科恩，大卫·汉森. 机器人革命：即将到来的机器人时代 [M]. 潘俊，译. 北京：机械工业出版社，2015.

[105] 周昌乐. 无心的机器 [M]. 长沙：湖南科学技术出版社，2000.

[106] 郑根成. 应用伦理学基础研究概况 [J]. 井冈山大学学报（社会科学版），2015，36（4）：27–36.

[107] 周立梅. 试论当代中国婚姻家庭伦理关系的新变化 [J]. 青海师范大学学报（哲学社会科学版），2006（5）：45–48.

[108] 张显峰. 情感机器人：技术与伦理的双重困境 [N]. 科技日报，2009–04–21（05）.

[109] 赵玉群，陈晓英. 机器人发展引发的未来的思考——基于物转向、生态中心主义、道义论的解析 [J]. 北京化工大学学报（社会科学版），2016（1）：55–59.

[110] FAGAN A. Challenging the bioethical application of the autonomy principle within multicultural societies [J]. Journal of Applied Philosophy, 2010, 21（1）：15–31.

[111] LILLEHAMMER H. The doctrine of internal reason[J]. The Journal of Value Inquiry, 2000, 34（4）：507–516.

[112] HASMAN A，HOPE T, OSTERDAL L P. health care need：three interpretations[J]. Journal of Applied Philosophy, 2010, 23（2）：145–146.